Otto Mayr

Neue Aufgabenformen im Mathematikunterricht

Aufgaben vernetzen –
Probleme lösen – kreativ denken

6. Klasse

Kopiervorlagen mit Lösungen

BRIGG Pädagogik

Bildnachweis

S. 18 MEV. S. 19 Reibel Logistics: Lkw; Kerstin Träumerle: Erdbeermarmelade. S. 39 Otto Mayr (6x). S. 42 Otto Mayr (3x). S. 50 MEV. S. 51 MEV. S. 67 Otto Mayr (6x). S. 75 Otto Mayr (2x). S. 78 Otto Mayr. S. 82 Andrea Drescher. S. 90 MEV (2x): Fotoapparat, Fahrradtour; pixelio/Andreas Morlock: Lottoschein. S. 91 Deutsche Bahn: Familie auf Bahnsteig; Otto Mayr: Schreibwarenabteilung. S. 95 Archiv. S. 98 Ludwig Wegmann/Deutsches Bundesarchiv: Matrose; André Karwath: Salami; MEV: Fußball; Scott Bauer: Socken. S. 102 Otto Mayr (6x).

Gedruckt auf umweltbewusst gefertigtem, chlorfrei gebleichtem und alterungsbeständigem Papier.

1. Auflage 2011
Nach den seit 2006 amtlich gültigen Regelungen der Rechtschreibung
© by Brigg Pädagogik Verlag GmbH, Augsburg
Alle Rechte vorbehalten.
Das Werk und seine Teile sind urheberrechtlich geschützt. Jede Nutzung in anderen als den gesetzlich zugelassenen Fällen bedarf der vorherigen schriftlichen Einwilligung des Verlages. Hinweis zu § 52 a UrhG: Weder das Werk noch seine Teile dürfen ohne eine solche Einwilligung eingescannt und in ein Netzwerk eingestellt werden. Dies gilt auch für Intranets von Schulen und sonstigen Bildungseinrichtungen.

ISBN 978-3-87101-**674**-5   www.brigg-paedagogik.de

Inhaltsverzeichnis

Vorwort 4

Die neuen Aufgabenformen im Überblick 5

1. Bruchzahlen

1.1 Brüche darstellen 6
1.2 Brüche erweitern und kürzen: Bruchzahlen ordnen 10
1.3 Bruchzahlen addieren und subtrahieren 14
1.4 Bruchzahlen multiplizieren und dividieren 18

2. Geometrie 1

2.1 Vierecke, Parallelogramme 22
2.2 Streckenzüge und Kreise 26
2.3 Figuren drehen 30
2.4 Figuren verschieben 34
2.5 Winkel zeichnen, Winkel messen 38

3. Dezimalbrüche

3.1 Bruch und Dezimalbruch; Dezimalbrüche vergleichen 42
3.2 Dezimalbrüche addieren und subtrahieren; Runden 46
3.3 Dezimalbrüche multiplizieren und dividieren 50

4. Geometrie 2

4.1 Geometrische Körper; Ansichten von Körpern 54
4.2 Schrägbilder; Körpernetze 58
4.3 Oberflächen von Quader und Würfel 62
4.4 Rauminhalte von Quadern; Raummaße 66
4.5 Rauminhalte von Quader und Würfel berechnen 70

5. Terme und Gleichungen

5.1 Terme entwickeln 74
5.2 Rechenregeln; Rechengesetze 78
5.3 Terme aufstellen; Terme mit Variablen 82
5.4 Gleichungen aufstellen und lösen 86
5.5 Gleichungen bei Sachaufgaben 90
5.6 Gleichungen bei Geometrieaufgaben 94

6. Neue Aufgabenformen allgemein

6.1 Aufgaben zum Hinterfragen; Aufgaben zum Experimentieren 98
6.2 Konkretes Schätzen 101

Vorwort

Die Ergebnisse internationaler Vergleichstests haben gezeigt, dass deutsche Schüler Schwächen aufweisen, wenn es um komplexe Aufgaben- und Textstrukturen, um Ungewohntes, um die flexible Verbindung verschiedener Sachgebiete geht.

Aus diesem Grund hat die Fachdidaktik die Forderung nach neuen Aufgabenformen im Mathematikunterricht gestellt. Dies bedeutet aber nicht, dass der bisherige Weg abgewertet werden soll; vielmehr ist an eine sinnvolle Ergänzung der bestehenden Aufgabenkultur gedacht. Die Bedeutung von Kopfrechnen und Kopfgeometrie wird besonders betont; Aufgaben zum Vernetzen von Routineaufgaben und Aufgaben zum Problemlösen und kreativen Denken sollen in besonderer Weise mit in den Mathematikunterricht einfließen. Diese neue Aufgabenkultur beinhaltet zwei große Bereiche:

Aufgaben zum Vernetzen sowie Erweitern und Variieren von Routineaufgaben:

- Fehleraufgaben
- Aufgaben zum Weiterdenken/Weiterfragen/Variieren
- Aufgaben in größerem Kontext
- Verbalisierung

Aufgaben zum Problemlösen und kreativen Denken:

- Offene Aufgaben
- Über- und unterbestimmte Aufgaben
- Rückwärtsdenken
- Konkretes Schätzen
- Besondere Aufgaben
- Aufgaben zum Hinterfragen
- Aufgaben zum Experimentieren
- Aufgaben mit mehreren Lösungswegen

Diesem neuen Ansatz ist der vorliegende Band gewidmet. Für die einzelnen Jahrgangsstufen ergeben sich in der Praxis unterschiedliche inhaltliche Anforderungen. Daher sind für die sechste Jahrgangsstufe die neuen Aufgabenformen den Inhalten des Lehrplans zugeordnet, sodass der Lehrer/die Lehrerin seinen/ihren Mathematikunterricht zielgerichtet mit den neuen Aufgabenformen im Sinne der neuen Aufgabenkultur ergänzen kann. Auf der Seite 5 sind die neuen Aufgabenformen im Überblick dargestellt.

Die neuen Aufgabenformen sind mittlerweile Inhalt jeder Abschlussprüfung; dieser Band kann in vielfältiger Weise die notwendigen Kenntnisse anbahnen.

Ich wünsche viel Spaß und Erfolg bei der täglichen Arbeit.

Otto Mayr

Die neuen Aufgabenformen im Überblick

Auf den folgenden Seiten finden Sie diese neuen Aufgabenformen:

Seite	Aufgabenformen
6	Multiple-Choice-Aufgaben, Weiterdenken
7	Weiterdenken, Verbalisieren
10	Weiterdenken, Multiple-Choice-Aufgaben
11	Argumentieren, Weiterdenken
14	Offenheit der Lösungswege, Weiterdenken
15	Weiterdenken, Multiple-Choice-Aufgaben
18	Weiterdenken, Verbalisieren, Offenheit der Lösungswege
19	Multiple-Choice-Aufgaben, Rückwärtsdenken
22	Rückwärtsdenken, Argumentieren
23	Argumentieren, Weiterdenken, Verbalisieren
26	Argumentieren, Verbalisieren
27	Multiple-Choice-Aufgabe, Weiterdenken, Argumentieren
30	Weiterdenken
31	Weiterdenken
34	Weiterdenken, Argumentieren
35	Weiterdenken, Argumentieren
38	Weiterdenken, Argumentieren
39	Konkretes Schätzen
42	Fehleraufgaben, Rückwärtsdenken
43	Weiterdenken, Multiple-Choice-Aufgabe, Argumentieren
46	Weiterdenken, Fehleraufgaben, Argumentieren
47	Offene Aufgaben
50	Fehleraufgaben, Weiterdenken, Argumentieren
51	Fehleraufgaben, Weiterdenken, Verbalisieren, Multiple-Choice-Aufgabe
54	Multiple-Choice-Aufgabe, Verbalisieren
55	Argumentieren, Weiterdenken
58	Weiterdenken
59	Weiterdenken
62	Verbalisieren, Multiple-Choice-Aufgabe, Argumentieren
63	Rückwärtsdenken, Multiple-Choice-Aufgabe
66	Weiterdenken
67	Konkretes Schätzen
70	Mehrere Lösungswege, Argumentieren
71	Rückwärtsdenken, Argumentieren
74	Weiterdenken
75	Offene Aufgaben, Verbalisieren
78	Weiterdenken
79	Weiterdenken, Argumentieren
82	Weiterdenken, Multiple-Choice-Aufgabe
83	Weiterdenken, Multiple-Choice-Aufgabe
86	Verbalisieren, Weiterdenken, Rückwärtsdenken
87	Multiple-Choice-Aufgaben
90	Multiple-Choice-Aufgaben, Verbalisieren
91	Verbalisieren
94	Unterbestimmte Aufgaben, Verbalisieren, Argumentieren, Rückwärtsdenken
95	Rückwärtsdenken, Verbalisieren, Multiple-Choice-Aufgaben
98	Aufgaben zum Hinterfragen, Aufgaben zum Experimentieren
99	Aufgaben zum Hinterfragen, Aufgaben zum Experimentieren
101	Konkretes Schätzen

Thema: 1. Bruchzahlen	**Name:**
Inhalt: 1.1 Brüche darstellen	**Klasse:**

1. In der Darstellung der Bruchzahlen sind Fehler enthalten.
   Finde sie und berichtige!

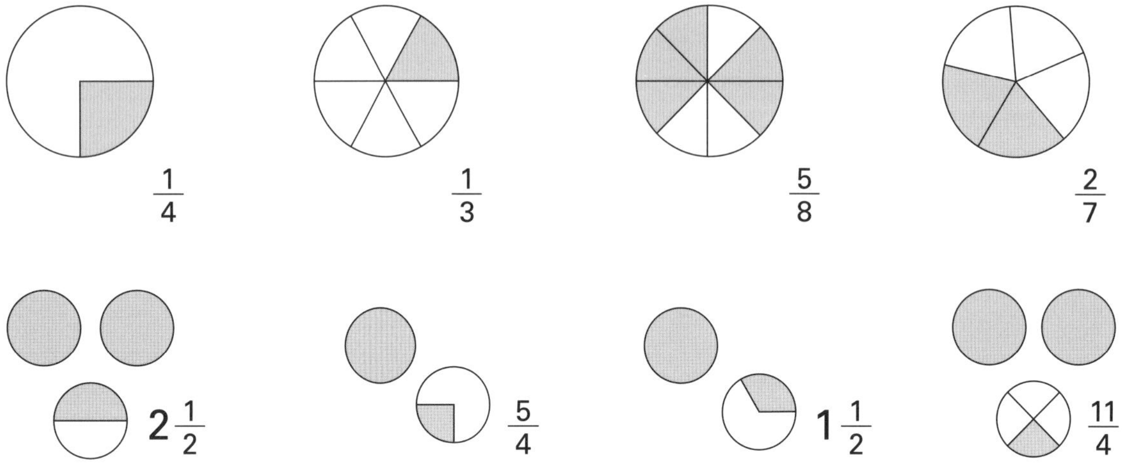

   $\frac{1}{4}$ $\frac{1}{3}$ $\frac{5}{8}$ $\frac{2}{7}$

   $2\frac{1}{2}$ $\frac{5}{4}$ $1\frac{1}{2}$ $\frac{11}{4}$

2. Kreuze an, welche Abbildungen den Bruch $\frac{2}{3}$ darstellen!

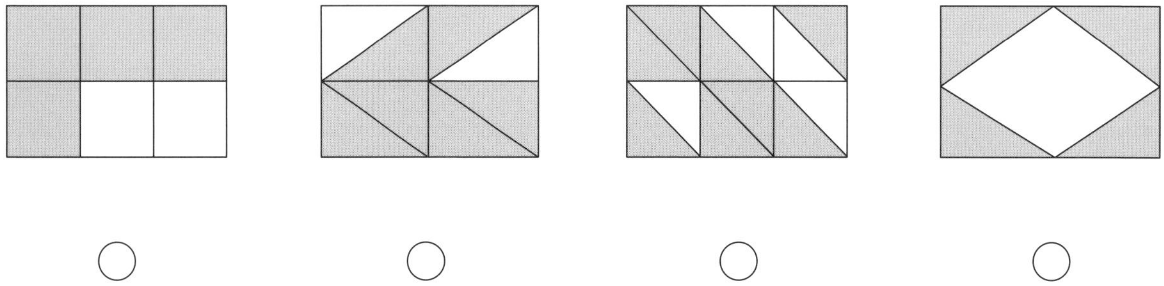

3. Ergänze (wenn nötig) zu $\frac{3}{4}$ der Gesamtfläche!

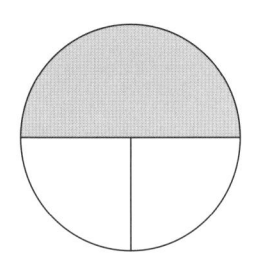

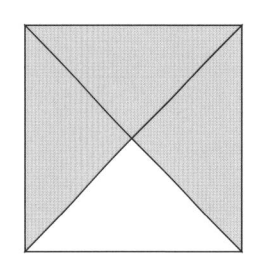

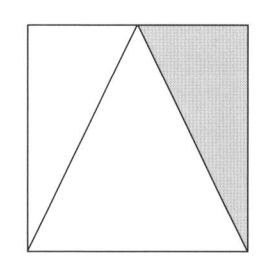

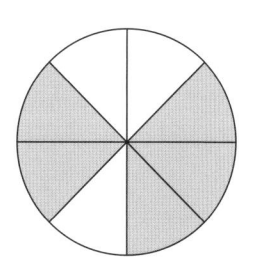

4. Ergänze zu $1\frac{1}{2}$!

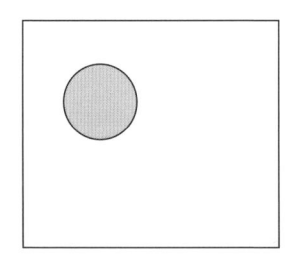

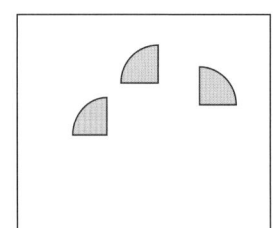

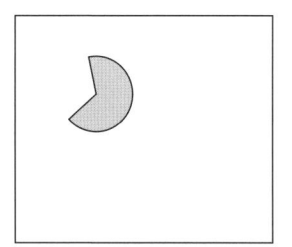

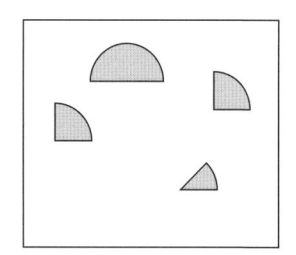

_____ _____ _____ _____

Thema: 1. Bruchzahlen	Name:
Inhalt: 1.1 Brüche darstellen	Klasse:

5. *Ergänze die Sätze in Form von Bruchteilen!*
   - zwölf Stunden entsprechen _____
   - 18 Monate entsprechen _____
   - 45 Minuten entsprechen _____
   - 250 kg entsprechen _____
   - 500 g entsprechen _____
   - 20 cm entsprechen _____
   - 25 dm entsprechen _____
   - 210 s entsprechen _____

6. *Richtig oder falsch? Berichtige, wenn nötig!*

   $\frac{9}{4} = 2\frac{1}{4}$ $\frac{7}{3} = 1\frac{1}{3}$ $\frac{17}{5} = 3\frac{2}{5}$ $\frac{21}{4} = 5\frac{1}{4}$

   $1\frac{2}{3} = \frac{4}{3}$ $2\frac{3}{4} = \frac{10}{4}$ $1\frac{4}{7} = \frac{11}{7}$ $2\frac{4}{10} = \frac{14}{10}$

   $\frac{5}{4} = 1\frac{1}{4}$ $\frac{7}{3} = 3\frac{1}{3}$ $\frac{13}{10} = 1\frac{3}{10}$ $\frac{47}{5} = 9\frac{2}{5}$

7. *Welche Begriffe sind hier beschrieben?*
   a) Er nennt die Art der gleichen Teile, in die geteilt wurde: _____
   b) Er zählt, wie viele Teile es sind: _____
   c) Sie besteht aus einer natürlichen Zahl und einem echten Bruch: _____
   d) Der Zähler des Bruches ist kleiner als der Nenner: _____
   e) Der Zähler des Bruches ist größer als der Nenner, aber kein Vielfaches des Nenners:
   _____

8. *Nur ein Zahlenstrahl ist richtig gezeichnet!*

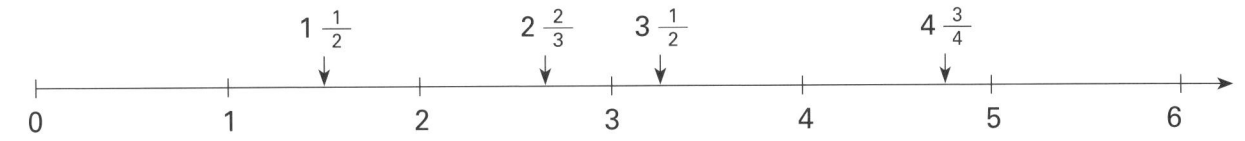

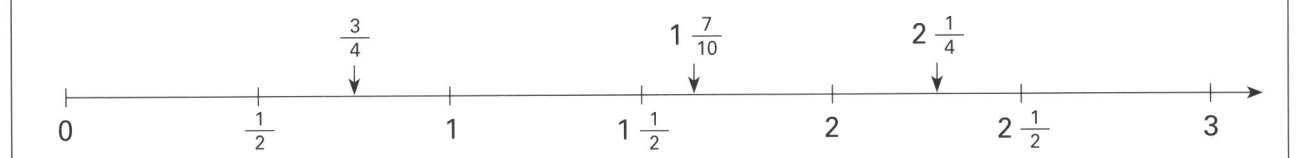

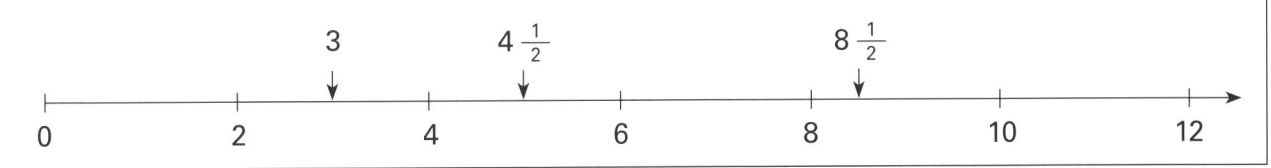

Thema: 1. Bruchzahlen

Inhalt: 1.1 Brüche darstellen

Lösung

1. In der Darstellung der Bruchzahlen sind Fehler enthalten. Finde sie und berichtige!

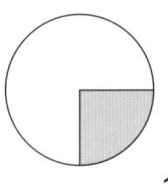

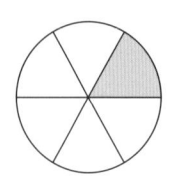

   $\frac{1}{4}$ ✓ $\cancel{\frac{1}{3}}$ $\frac{1}{6}$ $\frac{5}{8}$ ✓ $\cancel{\frac{2}{7}}$ $\frac{2}{5}$

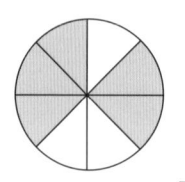

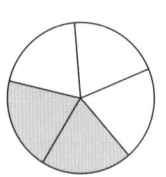

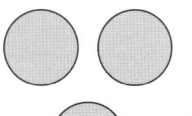

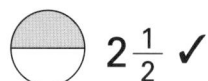

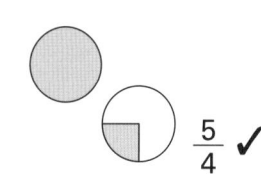

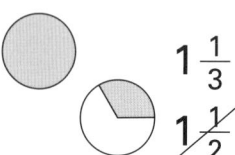

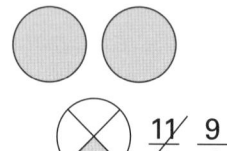

   $2\frac{1}{2}$ ✓ $\frac{5}{4}$ ✓ $1\frac{1}{3}$ $\cancel{1\frac{1}{2}}$ $\cancel{\frac{11}{4}}$ $\frac{9}{4}$

2. Kreuze an, welche Abbildungen den Bruch $\frac{2}{3}$ darstellen!

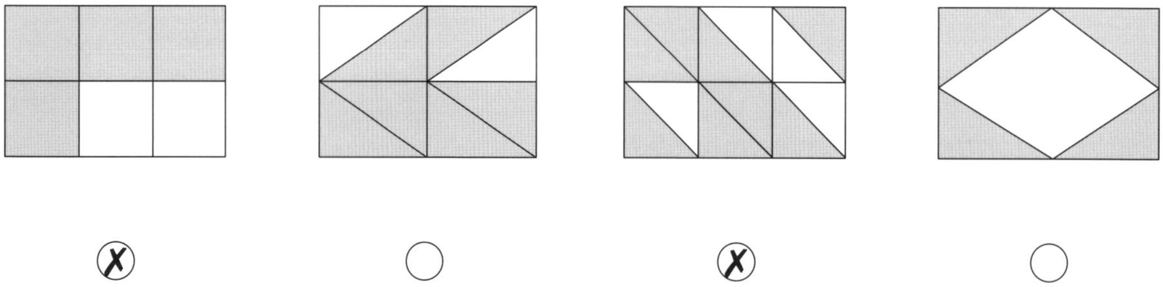

   ⊗   ○   ⊗   ○

3. Ergänze (wenn nötig) zu $\frac{3}{4}$ der Gesamtfläche!

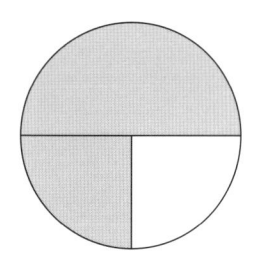

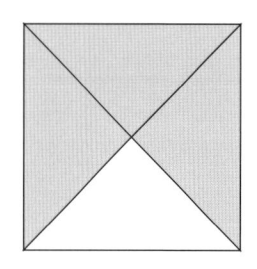

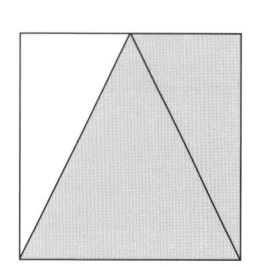

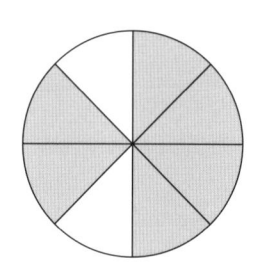

4. Ergänze zu $1\frac{1}{2}$!

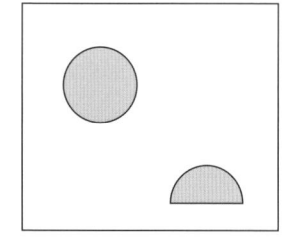

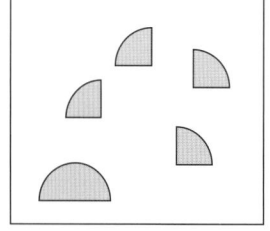

   $1 + \frac{1}{2}$ $\frac{3}{4} + \frac{1}{4} + \frac{1}{2}$ $\frac{2}{3} + \frac{1}{3} + \frac{1}{2}$ $\frac{1}{2} + \frac{1}{4} + \frac{1}{4} + \frac{1}{8} + \frac{3}{8}$

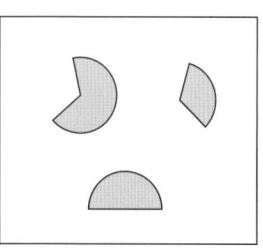

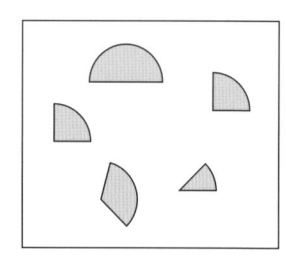

Thema:	1. Bruchzahlen	Lösung
Inhalt:	1.1 Brüche darstellen	

5. Ergänze die Sätze in Form von Bruchteilen!

- zwölf Stunden entsprechen **einem halben Tag**
- 18 Monate entsprechen **eineinhalb Jahren**
- 45 Minuten entsprechen **einer Dreiviertelstunde**
- 250 kg entsprechen **einer Vierteltonne**
- 500 g entsprechen **einem halben Kilogramm**
- 20 cm entsprechen **einem Fünftel Meter**
- 25 dm entsprechen **zweieinhalb Metern**
- 210 s entsprechen **dreieinhalb Minuten**

6. Richtig oder falsch? Berichtige, wenn nötig!

$\frac{9}{4} = 2\frac{1}{4}$ ✓ $\frac{7}{3} = \cancel{1}\,\mathbf{2}\frac{1}{3}$ $\frac{17}{5} = 3\frac{2}{5}$ ✓ $\frac{21}{4} = 5\frac{1}{4}$ ✓

$1\frac{2}{3} = \frac{\cancel{4}\,\mathbf{5}}{3}$ $2\frac{3}{4} = \frac{\cancel{10}\,\mathbf{11}}{4}$ $1\frac{4}{7} = \frac{11}{7}$ ✓ $2\frac{4}{10} = \frac{\cancel{14}\,\mathbf{24}}{10}$

$\frac{5}{4} = 1\frac{1}{4}$ ✓ $\frac{7}{3} = \cancel{3}\,\mathbf{2}\frac{1}{3}$ $\frac{13}{10} = 1\frac{3}{10}$ ✓ $\frac{47}{5} = 9\frac{2}{5}$ ✓

7. Welche Begriffe sind hier beschrieben?

a) Er nennt die Art der gleichen Teile, in die geteilt wurde: **Nenner**

b) Er zählt, wie viele Teile es sind: **Zähler**

c) Sie besteht aus einer natürlichen Zahl und einem echten Bruch: **gemischte Zahl**

d) Der Zähler des Bruches ist kleiner als der Nenner: **echter Bruch**

e) Der Zähler des Bruches ist größer als der Nenner, aber kein Vielfaches des Nenners: **unechter Bruch**

8. Nur ein Zahlenstrahl ist richtig gezeichnet!

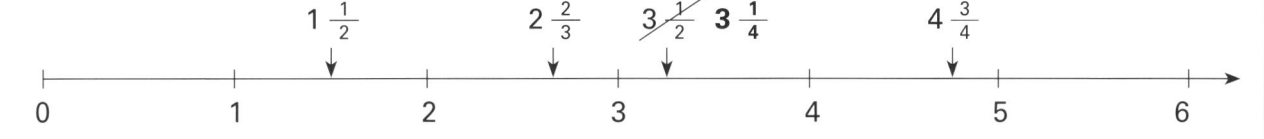

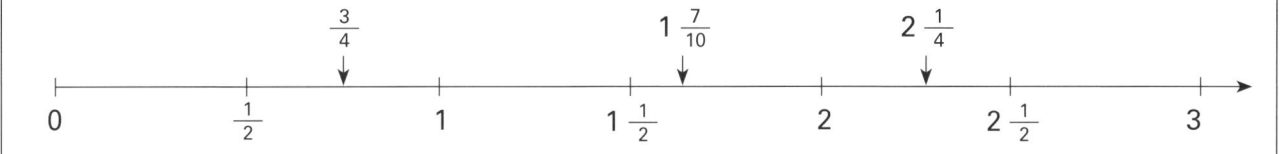

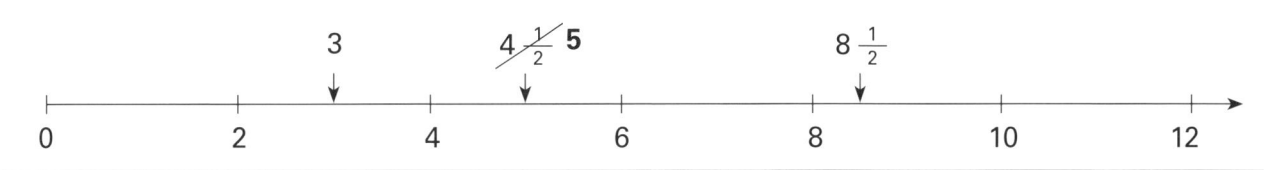

(Zahlenstrahl 1: $1\frac{1}{2}$, $2\frac{2}{3}$, $\cancel{3\frac{1}{2}}$ $3\frac{1}{4}$, $4\frac{3}{4}$ über Skala 0–6)

(Zahlenstrahl 2: $\frac{3}{4}$, $1\frac{7}{10}$, $2\frac{1}{4}$ über Skala 0–3)

(Zahlenstrahl 3: 3, $\cancel{4\frac{1}{2}}$ 5, $8\frac{1}{2}$ über Skala 0–12)

Thema: 1. Bruchzahlen	Name:
Inhalt: 1.2 Brüche erweitern und kürzen	Klasse:

1. Zeichne die Erweiterung!

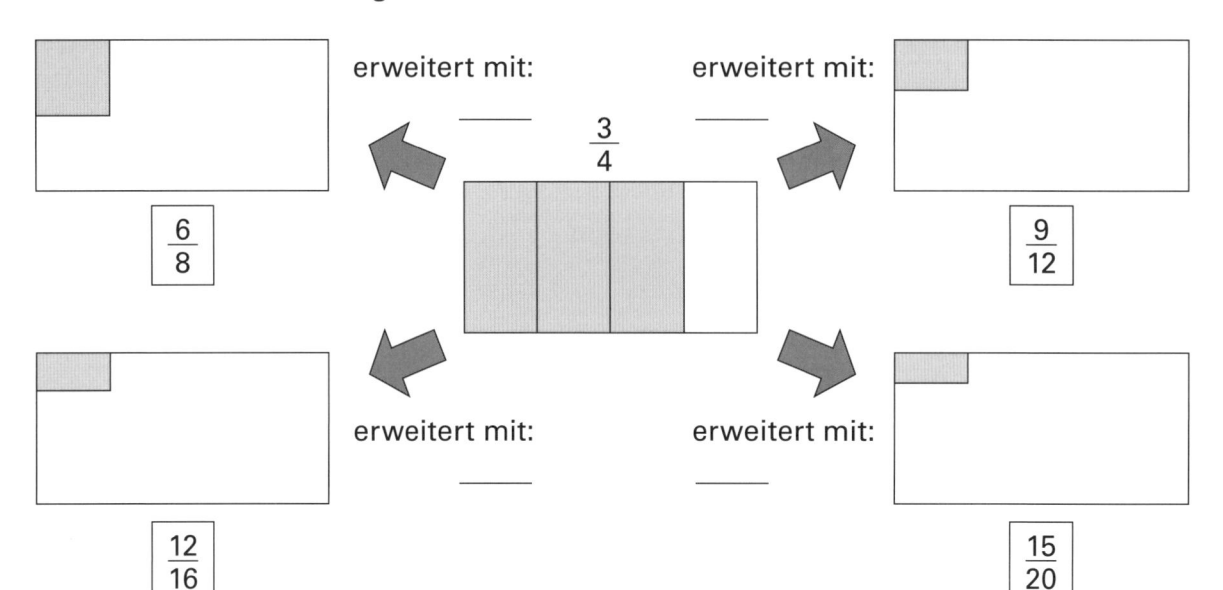

erweitert mit: _____ $\frac{3}{4}$ erweitert mit: _____

$\frac{6}{8}$ $\frac{9}{12}$

erweitert mit: _____   erweitert mit: _____

$\frac{12}{16}$ $\frac{15}{20}$

2. Richtig oder falsch? Berichtige, wenn nötig!

$\frac{1}{2} = \frac{10}{20}$ $\frac{3}{5} = \frac{6}{15}$ $\frac{2}{3} = \frac{8}{12}$ $\frac{4}{7} = \frac{8}{21}$

$\frac{8}{16} = \frac{1}{4}$ $\frac{12}{20} = \frac{3}{5}$ $\frac{25}{100} = \frac{1}{4}$ $\frac{20}{32} = \frac{4}{8}$

3. Nicht alle Erweiterungs- bzw. Kürzungszahlen stimmen!

$\frac{9}{12} - 3 - \frac{3}{4}$ $\frac{2}{7} - 4 - \frac{8}{28}$ $\frac{2}{3} - 6 - \frac{10}{15}$

$\frac{63}{84} - 6 - \frac{9}{12}$ $\frac{120}{600} - 20 - \frac{6}{30}$ $\frac{660}{1100} - 10 - \frac{60}{100}$

4. Kreuze die richtigen Aussagen an!

☐ Man kann alle Brüche erweitern.

☐ Man kann alle Brüche kürzen.

☐ Jeder erweiterte Bruch kann mindestens einmal gekürzt werden.

☐ Mit der Zahl 1 kann man einen Bruch nicht erweitern.

☐ Wenn ich mit der Zahl 3 erweitere, wird der Zähler um drei größer.

☐ Wenn ich mit der Zahl 3 erweitere, wird der Nenner um drei größer.

☐ Wenn ich mit der Zahl 3 erweitere, wird der Zähler und der Nenner um drei größer.

☐ Wenn ich mit der Zahl 3 erweitere, werden Zähler und Nenner um das 3-Fache größer.

Thema: 1. Bruchzahlen	Name:
Inhalt: 1.2 Brüche erweitern und kürzen	Klasse:

5. Fülle die Kreise so aus, dass die dargestellten Brüche immer kleiner werden! Es gibt viele verschiedene Möglichkeiten.

◯   ◯   ◯   ◯

6. Die Brüche sind der Größe nach geordnet. Welches waren die ursprünglichen Brüche, bevor sie auf einen gemeinsamen Nenner gebracht wurden?

$\frac{20}{24} > \frac{18}{24} > \frac{12}{24} > \frac{9}{24}$ _____

$\frac{9}{21} < \frac{14}{21} < \frac{15}{21} < \frac{28}{21}$ _____

7. „Von zwei Brüchen mit gleichen Nennern ist der Bruch mit dem größeren Zähler auch der größere Bruch von den beiden."
Beweise diese Aussage anhand der Vorgabe!

>

8. „Von zwei Brüchen mit den gleichen Zählern ist der Bruch mit dem größeren Nenner immer der kleinere Bruch von den beiden."
Beweise diese Aussage anhand einer Zeichnung! Es gibt viele Möglichkeiten.
Verwende zur Darstellung einmal ein Rechteck und einmal einen Kreis!

<

<

Thema: 1. Bruchzahlen

Inhalt: 1.2 Brüche erweitern und kürzen

Lösung

1. Zeichne die Erweiterung!

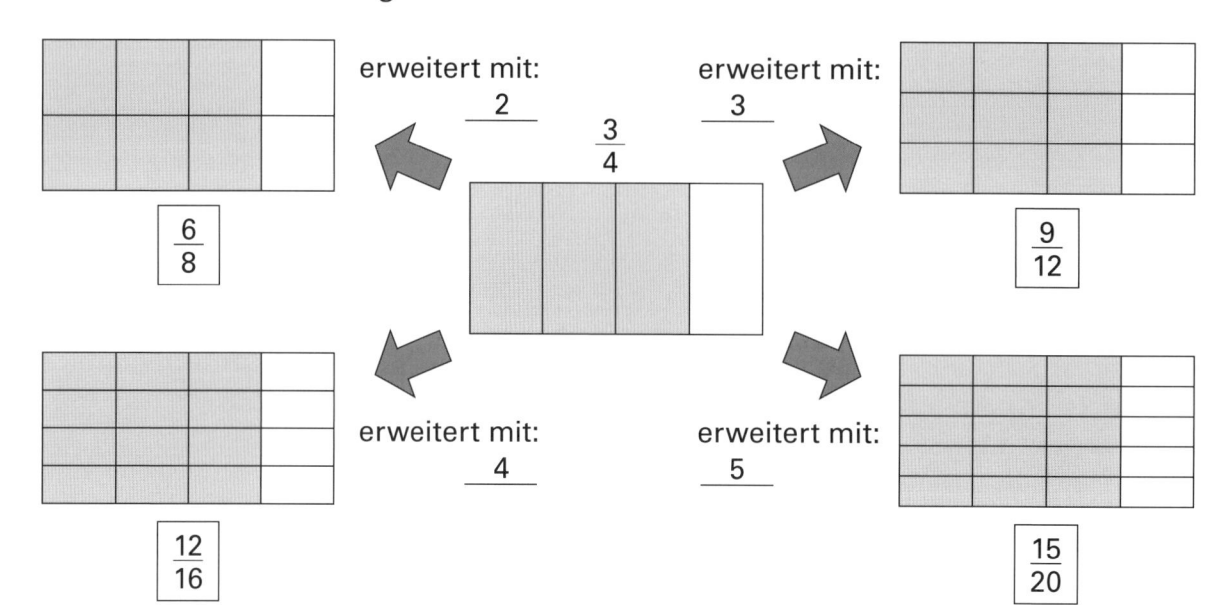

erweitert mit: 2 ← $\frac{3}{4}$ → erweitert mit: 3

$\boxed{\frac{6}{8}}$ $\boxed{\frac{9}{12}}$

erweitert mit: 4 ← → erweitert mit: 5

$\boxed{\frac{12}{16}}$ $\boxed{\frac{15}{20}}$

2. Richtig oder falsch? Berichtige, wenn nötig!

$\frac{1}{2} = \frac{10}{20}$ ✓ $\frac{3}{5} = \frac{\cancel{6}\ \mathbf{9}}{\cancel{15}\ \mathbf{15}}$ $\frac{2}{3} = \frac{8}{12}$ ✓ $\frac{4}{7} = \frac{\cancel{8}\ \mathbf{12}}{\cancel{21}\ \mathbf{21}}$

$\frac{8}{16} = \frac{\cancel{1}\ \mathbf{1}}{\cancel{4}\ \mathbf{2}}$ $\frac{12}{20} = \frac{3}{5}$ ✓ $\frac{25}{100} = \frac{1}{4}$ ✓ $\frac{20}{32} = \frac{\cancel{4}\ \mathbf{5}}{\cancel{8}\ \mathbf{8}}$

3. Nicht alle Erweiterungs- bzw. Kürzungszahlen stimmen!

$\frac{9}{12} - 3 - \frac{3}{4}$ ✓ $\frac{2}{7} - 4 - \frac{8}{28}$ ✓ $\frac{2}{3} - \overset{\mathbf{5}}{6} - \frac{10}{15}$

$\frac{63}{84} - \overset{\mathbf{7}}{6} - \frac{9}{12}$ $\frac{120}{600} - 20 - \frac{6}{30}$ ✓ $\frac{660}{1100} - \overset{\mathbf{11}}{\cancel{10}} - \frac{60}{100}$

4. Kreuze die richtigen Aussagen an!

[X] Man kann alle Brüche erweitern.

[ ] Man kann alle Brüche kürzen.

[X] Jeder erweiterte Bruch kann mindestens einmal gekürzt werden.

[X] Mit der Zahl 1 kann man einen Bruch nicht erweitern.

[ ] Wenn ich mit der Zahl 3 erweitere, wird der Zähler um drei größer.

[ ] Wenn ich mit der Zahl 3 erweitere, wird der Nenner um drei größer.

[ ] Wenn ich mit der Zahl 3 erweitere, wird der Zähler und der Nenner um drei größer.

[X] Wenn ich mit der Zahl 3 erweitere, werden Zähler und Nenner um das 3-Fache größer.

Thema: 1. Bruchzahlen

Inhalt: 1.2 Brüche erweitern und kürzen

Lösung

5. Fülle die Kreise so aus, dass die dargestellten Brüche immer kleiner werden!
   Es gibt viele verschiedene Möglichkeiten.

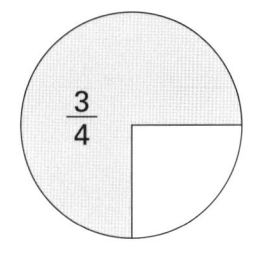

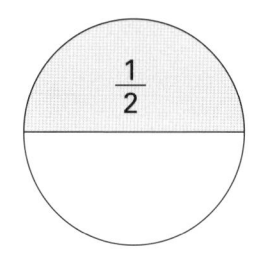

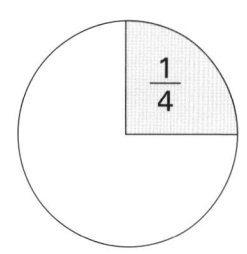

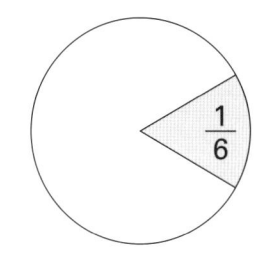

   $\frac{3}{4}$ $\frac{1}{2}$ $\frac{1}{4}$ $\frac{1}{6}$

6. Die Brüche sind der Größe nach geordnet. Welches waren die ursprünglichen
   Brüche, bevor sie auf einen gemeinsamen Nenner gebracht wurden?

   $\frac{20}{24} > \frac{18}{24} > \frac{12}{24} > \frac{9}{24}$ $\frac{5}{6} > \frac{3}{4} > \frac{1}{2} > \frac{3}{8}$

   $\frac{9}{21} < \frac{14}{21} < \frac{15}{21} < \frac{28}{21}$ $\frac{3}{7} > \frac{2}{3} > \frac{5}{7} > \frac{4}{3}$

7. „Von zwei Brüchen mit gleichen Nennern ist der Bruch mit dem größeren Zähler
   auch der größere Bruch von den beiden."
   Beweise diese Aussage anhand der Vorgabe!

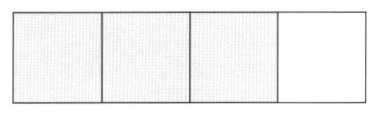

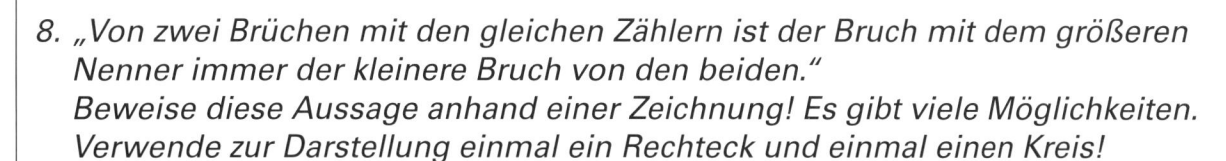

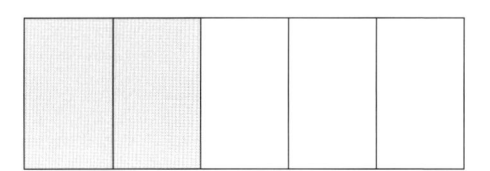

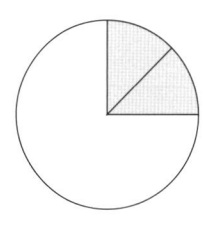

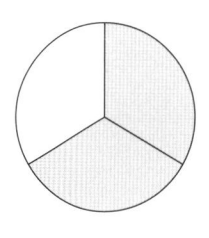

   $\frac{3}{4}$ > $\frac{2}{4}$

8. „Von zwei Brüchen mit den gleichen Zählern ist der Bruch mit dem größeren
   Nenner immer der kleinere Bruch von den beiden."
   Beweise diese Aussage anhand einer Zeichnung! Es gibt viele Möglichkeiten.
   Verwende zur Darstellung einmal ein Rechteck und einmal einen Kreis!

   $\frac{2}{5}$ < $\frac{2}{4}$

   $\frac{2}{8}$ < $\frac{2}{3}$

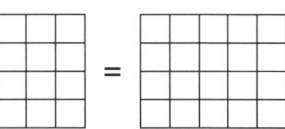

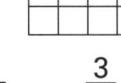

Thema: 1. Bruchzahlen	Name:
Inhalt: 1.3 Bruchzahlen addieren und subtrahieren	Klasse:

1. Stelle Addition und Subtraktion von Bruchzahlen grafisch dar!
   Wähle selbst Beispiele!

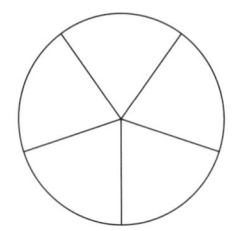

$\frac{2}{5} + \frac{1}{5} = \frac{3}{5}$ 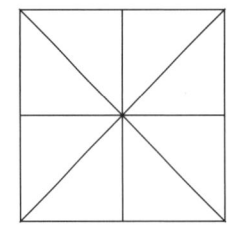 $\frac{3}{8} + \frac{2}{8} = \frac{5}{8}$ 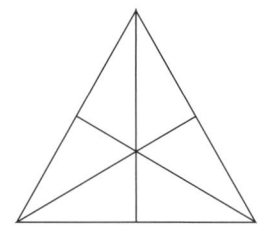 $\frac{5}{6} - \frac{3}{6} = \frac{2}{6}$

2. Welche Rechenoperation ist hier jeweils dargestellt?

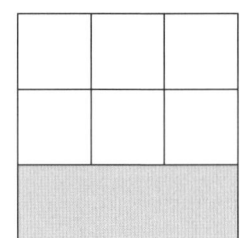

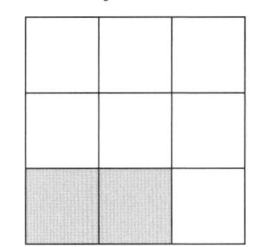

=

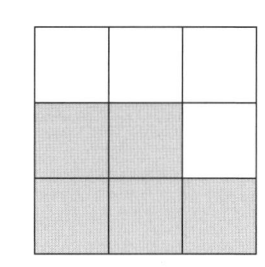

=

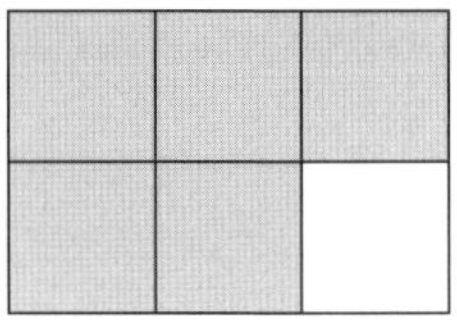

=

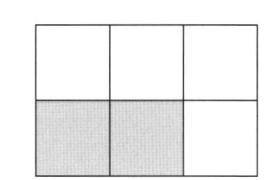

3. Löse die folgenden Additionen und Subtraktionen!

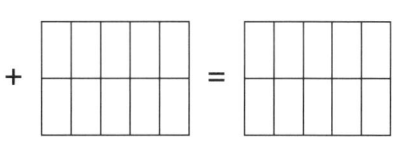

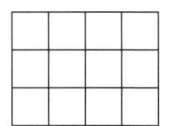

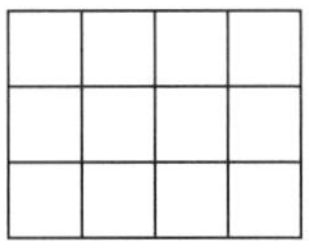

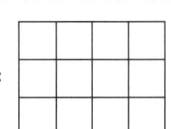

$\frac{1}{3} + \frac{1}{4} =$ 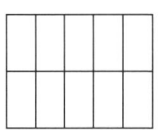 $\frac{1}{2} + \frac{2}{5} =$

+ =   + =

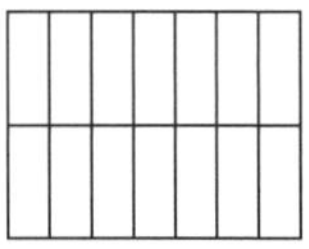

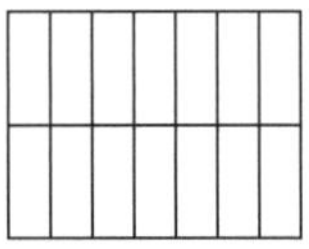

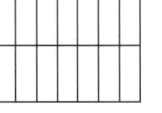

$\frac{6}{7} - \frac{1}{2} =$ 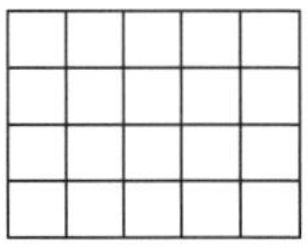 $\frac{4}{5} - \frac{3}{4} =$

− =   − =

Thema:	1. Bruchzahlen	Name:
Inhalt:	1.3 Bruchzahlen addieren und subtrahieren	Klasse:

4. Setze die Zahlenfolgen jeweils um vier Zahlen fort!

   a) $\frac{1}{2}$, 1, $1\frac{1}{2}$, 2, $2\frac{1}{2}$, _____

   b) $3\frac{1}{4}$, 3, $2\frac{3}{4}$, $2\frac{1}{2}$, _____

   c) $2\frac{3}{8}$, 3, $3\frac{5}{8}$, $4\frac{1}{4}$, _____

   d) $14\frac{1}{3}$, $13\frac{2}{3}$, 13, $12\frac{1}{3}$, _____

   e) $2\frac{1}{2}$, $2\frac{9}{14}$, $2\frac{1}{7}$, $2\frac{2}{7}$, _____

   f) $8\frac{4}{5}$, 8, $8\frac{3}{4}$, $7\frac{19}{20}$, _____

5. Hier haben sich einige Fehler eingeschlichen. Finde sie und berichtige, wenn nötig!

   a) $\frac{3}{7} + \frac{5}{7} + 1\frac{1}{7} = \frac{3}{7} + \frac{5}{7} + \frac{8}{7} = \frac{16}{7} = 2\frac{2}{7}$

   b) $\frac{1}{4} + \frac{6}{4} + 2\frac{3}{4} = \frac{1}{4} + \frac{6}{4} + \frac{8}{4} = \frac{15}{4} = 3\frac{3}{4}$

   c) $3\frac{3}{4} - 1\frac{1}{2} - \frac{2}{3} = \frac{15}{4} - \frac{3}{2} - \frac{2}{3} = \frac{45}{12} - \frac{18}{12} - \frac{8}{12} = \frac{19}{12} = 1\frac{7}{12}$

6. Kreuze zu den folgenden Berechnungen die richtige Aufgabenstellung an!

   a) $\frac{5}{6} - \frac{1}{5} + 1\frac{1}{2} =$

   ☐ Addiere $\frac{5}{6}$ zu 1 ½ und subtrahiere dann $\frac{1}{5}$.

   ☐ Addiere $1\frac{1}{2}$ zu $\frac{5}{6}$ und subtrahiere davon $\frac{1}{5}$.

   ☐ Subtrahiere $\frac{5}{6}$ von $\frac{1}{5}$ und addiere $1\frac{1}{2}$.

   ☐ Subtrahiere $\frac{1}{5}$ von $\frac{5}{6}$ und addiere $1\frac{1}{2}$.

   ☐ Addiere $\frac{1}{5}$ zu $\frac{5}{6}$ und addiere $1\frac{1}{2}$.

   b) $1 - \frac{1}{4} - \frac{1}{3} =$

   ☐ Ein Verkäufer verbraucht erst die Hälfte seines Vorrats, dann ein Drittel.

   ☐ Ein Verkäufer verbraucht zunächst ein Viertel des Vorrats, anschließend ein Drittel.

   ☐ Ein Verkäufer verbraucht zunächst ein Viertel des Vorrats; anschließend verbraucht er vom Rest noch ein Drittel.

Thema: 1. Bruchzahlen

Inhalt: 1.3 Bruchzahlen addieren und subtrahieren

Lösung

1. Stelle Addition und Subtraktion von Bruchzahlen grafisch dar! Wähle selbst Beispiele!

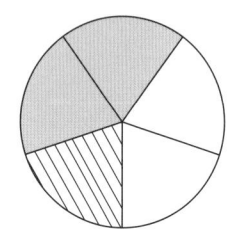

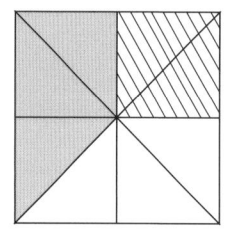

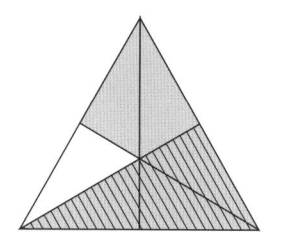

$\frac{2}{5} + \frac{1}{5} = \frac{3}{5}$ $\frac{3}{8} + \frac{2}{8} = \frac{5}{8}$ $\frac{5}{6} - \frac{3}{6} = \frac{2}{6}$

2. Welche Rechenoperation ist hier jeweils dargestellt?

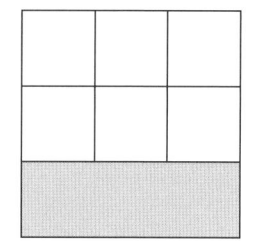

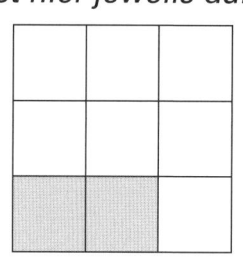

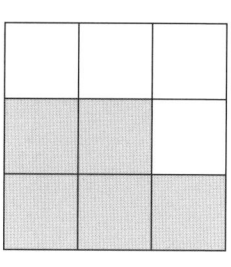

$\frac{1}{3} + \frac{2}{9} = \frac{5}{9}$

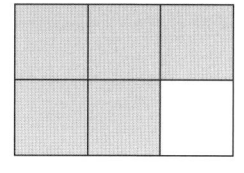

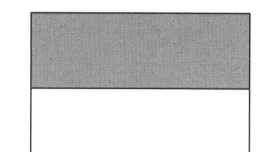

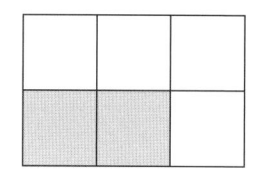

$\frac{5}{6} - \frac{1}{2} \left(\frac{3}{6}\right) = \frac{2}{6} \left(\frac{1}{3}\right)$

3. Löse die folgenden Additionen und Subtraktionen!

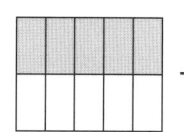

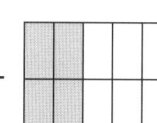

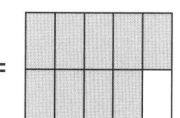

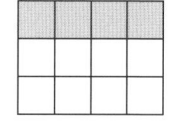

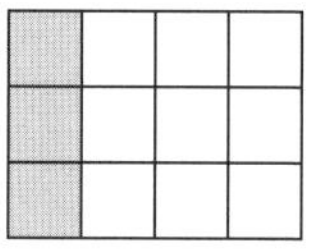

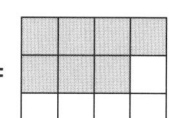

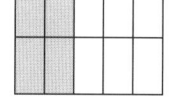

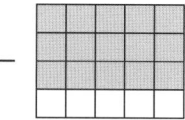

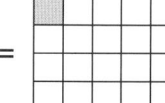

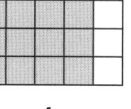

$\frac{1}{3} + \frac{1}{4} =$ $\frac{1}{2} + \frac{2}{5} =$

$\frac{4}{12} + \frac{3}{12} = \frac{7}{12}$ $\frac{5}{10} + \frac{4}{10} = \frac{9}{10}$

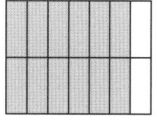

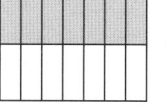

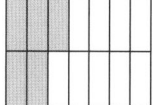

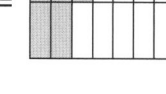

$\frac{6}{7} - \frac{1}{2} =$ $\frac{4}{5} - \frac{3}{4} =$

$\frac{12}{14} - \frac{7}{14} = \frac{5}{14}$ $\frac{16}{20} - \frac{15}{20} = \frac{1}{20}$

Thema: 1. Bruchzahlen

Inhalt: 1.3 Bruchzahlen addieren und subtrahieren

Lösung

4. Setze die Zahlenfolgen jeweils um vier Zahlen fort!

a) $\frac{1}{2}$, 1, $1\frac{1}{2}$, 2, $2\frac{1}{2}$, **3, $3\frac{1}{2}$, 4, $4\frac{1}{2}$** $(+\frac{1}{2})$

b) $3\frac{1}{4}$, 3, $2\frac{3}{4}$, $2\frac{1}{2}$, **$2\frac{1}{4}$, 2, $1\frac{3}{4}$, $1\frac{1}{2}$** $(-\frac{1}{4})$

c) $2\frac{3}{8}$, 3, $3\frac{5}{8}$, $4\frac{1}{4}$, **$4\frac{7}{8}$, $5\frac{1}{2}$, $6\frac{1}{8}$, $6\frac{3}{4}$** $(+\frac{5}{8})$

d) $14\frac{1}{3}$, $13\frac{2}{3}$, 13, $12\frac{1}{3}$, **$11\frac{2}{3}$, 11, $10\frac{1}{3}$, $9\frac{2}{3}$** $(-\frac{2}{3})$

e) $2\frac{1}{2}$, $2\frac{9}{14}$, $2\frac{1}{7}$, $2\frac{2}{7}$, **$1\frac{11}{14}$, $1\frac{13}{14}$, $1\frac{3}{7}$, $1\frac{4}{7}$** $(+\frac{1}{7}-\frac{1}{2})$

f) $8\frac{4}{5}$, 8, $8\frac{3}{4}$, $7\frac{19}{20}$, **$8\frac{7}{10}$, $7\frac{9}{10}$, $8\frac{13}{20}$, $7\frac{17}{20}$** $(-\frac{4}{5}+\frac{3}{4})$

5. Hier haben sich einige Fehler eingeschlichen. Finde sie und berichtige, wenn nötig!

a) $\frac{3}{7} + \frac{5}{7} + 1\frac{1}{7} = \frac{3}{7} + \frac{5}{7} + \frac{8}{7} = \frac{16}{7} = 2\frac{2}{7}$ ✓

b) $\frac{1}{4} + \frac{6}{4} + 2\frac{3}{4} = \frac{1}{4} + \frac{6}{4} + \frac{8\ \mathbf{11}}{4} = \frac{\cancel{15}\ \mathbf{18}}{4} = 3\cancel{\frac{3}{4}}$ **$4\frac{1}{2}$**

c) $3\frac{3}{4} - 1\frac{1}{2} - \frac{2}{3} = \frac{15}{4} - \frac{3}{2} - \frac{2}{3} = \frac{45}{12} - \frac{18}{12} - \frac{8}{12} = \frac{19}{12} = 1\frac{7}{12}$ ✓

6. Kreuze zu den folgenden Berechnungen die richtige Aufgabenstellung an!

a) $\frac{5}{6} - \frac{1}{5} + 1\frac{1}{2} =$

☐ Addiere $\frac{5}{6}$ zu $1\frac{1}{2}$ und subtrahiere dann $\frac{1}{5}$.

☐ Addiere $1\frac{1}{2}$ zu $\frac{5}{6}$ und subtrahiere davon $\frac{1}{5}$.

☐ Subtrahiere $\frac{5}{6}$ von $\frac{1}{5}$ und addiere $1\frac{1}{2}$.

☒ Subtrahiere $\frac{1}{5}$ von $\frac{5}{6}$ und addiere $1\frac{1}{2}$.

☐ Addiere $\frac{1}{5}$ zu $\frac{5}{6}$ und addiere $1\frac{1}{2}$.

b) $1 - \frac{1}{4} - \frac{1}{3} =$

☐ Ein Verkäufer verbraucht erst die Hälfte seines Vorrats, dann ein Drittel.

☒ Ein Verkäufer verbraucht zunächst ein Viertel des Vorrats, anschließend ein Drittel.

☐ Ein Verkäufer verbraucht zunächst ein Viertel des Vorrats; anschließend verbraucht er vom Rest noch ein Drittel.

Thema: 1. Bruchzahlen	Name:
Inhalt: 1.4 Bruchzahlen multiplizieren und dividieren	Klasse:

1. Hier haben sich Fehler eingeschlichen. Finde sie und berichtige, wenn nötig!

a) $\dfrac{3}{4} \cdot \dfrac{2}{3} = \dfrac{6}{12} = \underline{\underline{\dfrac{1}{2}}}$ $\qquad$ $\dfrac{5}{6} \cdot \dfrac{1}{4} = \underline{\underline{\dfrac{5}{18}}}$

b) $\dfrac{9}{10} \cdot \dfrac{2}{7} = \dfrac{18}{70} = \underline{\underline{\dfrac{9}{45}}}$ $\qquad$ $\dfrac{3}{2} \cdot \dfrac{2}{5} = \dfrac{6}{10} = \underline{\underline{\dfrac{3}{5}}}$

c) $\dfrac{2}{7} \cdot 1\dfrac{1}{2} = \dfrac{2}{7} \cdot \dfrac{3}{2} = \dfrac{6}{14} = \underline{\underline{\dfrac{3}{7}}}$

d) $3\dfrac{3}{5} \cdot 2\dfrac{1}{3} = \dfrac{18}{5} \cdot \dfrac{6}{3} = \dfrac{108}{15} = \dfrac{36}{5} = \underline{\underline{7\dfrac{1}{5}}}$

2. Formuliere eine Aufgabe zu dieser Berechnung unter den folgenden Stichwörtern:
Bäcker – Arbeitszeit/Tag – Arbeitsstunden pro Woche!

$7\dfrac{3}{4} \cdot 5 = \dfrac{31}{4} \cdot \dfrac{5}{1} = \dfrac{155}{4} = 38\dfrac{3}{4}$

_____

_____

_____

3. Auf einem rechteckigen Grundstück steht eine Scheune.
Die Scheune ist 20 Meter breit und eineinhalbmal so lang.
Wie groß ist das Grundstück, wenn nach jeder Seite noch $7\dfrac{1}{4}$ Meter
Grundstücksfläche vorhanden ist?
Erstelle eine Skizze und trage die Maße ein!

20 m

Thema: 1. Bruchzahlen	Name:
Inhalt: 1.4 Bruchzahlen multiplizieren und dividieren	Klasse:

4. Kreuze die richtigen Aussagen an!

☐ Bruchzahlen multiplizieren heißt: Zähler mal Zähler, Nenner mal Nenner.

☐ Bruchzahlen multiplizieren heißt, auf einen gemeinsamen Nenner bringen und dann multiplizieren.

☐ Bruchzahlen dividieren heißt: Mit dem Kehrwert dividieren.

☐ Bruchzahlen dividieren heißt: Mit dem Kehrwert multiplizieren.

☐ Bruchzahlen dividieren heißt: Mit dem Kehrwert malnehmen.

5. Richtig gerechnet? Berichtige, wenn nötig!

a) $\frac{2}{3} : 2 = \frac{2}{3} : \frac{2}{1} = \frac{2}{3} \cdot \frac{1}{2} = \frac{1}{3}$

b) $2\frac{1}{2} : \frac{3}{4} = \frac{5}{2} \cdot \frac{3}{4} = \frac{15}{8} = 1\frac{7}{8}$

c) $5\frac{1}{4} : 2\frac{1}{2} = \frac{21}{4} : \frac{5}{2} = \frac{21}{4} \cdot \frac{2}{5} = \frac{42}{20} = \frac{21}{10} = 2\frac{1}{10}$

d) $3\frac{1}{7} : 5 = \frac{22}{7} : \frac{1}{5} = \frac{22}{7} \cdot \frac{5}{1} = \frac{110}{7} = 15\frac{5}{7}$

e) $3\frac{4}{5} : \frac{3}{8} = \frac{19}{5} : \frac{3}{8} = \frac{19}{5} \cdot \frac{8}{3} = \frac{152}{15} = 10\frac{2}{15}$

6. Ergänze den Lückentext zur Aufgabenstellung!

$6\frac{3}{4} : 18 = \frac{27}{4} : \frac{18}{1} = \frac{27}{4} \cdot \frac{1}{18} = \frac{27}{72} = \frac{3}{8}$

→ $1000 \text{ kg} \cdot \frac{3}{8} = \frac{1000 \text{ kg}}{1} \cdot \frac{3}{8} = \underline{375 \text{ kg}}$

Ein Lkw hat _____ gleich schwere Kisten geladen,

die zusammen _____ Tonnen wiegen.

7. Maria und Sebastian kochen Marmelade ein. Von 14 kg sind $\frac{3}{7}$ Erdbeermarmelade. Kreuze die richtige Berechnung an!

☐ $14 : \frac{3}{7} =$

☐ $14 \cdot \frac{3}{7} =$

☐ $\frac{3}{7} : 14 =$

☐ $\frac{3}{7} \cdot 14 =$

☐ $14 \cdot 7 : 3 =$

☐ $14 : 7 \cdot 3 =$

Thema: 1. Bruchzahlen	
Inhalt: 1.4 Bruchzahlen multiplizieren und dividieren	Lösung

1. Hier haben sich Fehler eingeschlichen. Finde sie und berichtige, wenn nötig!

a) $\frac{3}{4} \cdot \frac{2}{3} = \frac{6}{12} = \underline{\underline{\frac{1}{2}}}$ ✓ $\frac{5}{6} \cdot \frac{1}{4} = \frac{5}{18}$ $\frac{5}{6} \cdot \frac{1}{4} = \underline{\underline{\frac{5}{24}}}$

b) $\frac{9}{10} \cdot \frac{2}{7} = \frac{18}{70} = \underline{\underline{\frac{9}{45}}}$ $\frac{3}{2} \cdot \frac{2}{5} = \frac{6}{10} = \underline{\underline{\frac{3}{5}}}$ ✓ $\frac{9}{10} \cdot \frac{2}{7} = \underline{\underline{\frac{9}{35}}}$

c) $\frac{2}{7} \cdot 1\frac{1}{2} = \frac{2}{7} \cdot \frac{3}{2} = \frac{6}{14} = \underline{\underline{\frac{3}{7}}}$ ✓

d) $3\frac{3}{5} \cdot 2\frac{1}{3} = \frac{18}{5} \cdot \frac{6}{3} = \frac{108}{15} = \frac{36}{5} = \underline{\underline{7\frac{1}{5}}}$ $\frac{18}{5} \cdot \frac{7}{3} = \frac{126}{15} = \underline{\underline{8\frac{2}{5}}}$

2. Formuliere eine Aufgabe zu dieser Berechnung unter den folgenden Stichwörtern:
Bäcker – Arbeitszeit/Tag – Arbeitsstunden pro Woche!

$7\frac{3}{4} \cdot 5 = \frac{31}{4} \cdot \frac{5}{1} = \frac{155}{4} = 38\frac{3}{4}$

Wie viele Arbeitsstunden pro Woche muss ein Bäcker arbeiten, der fünf Tage lang täglich $7\frac{3}{4}$ Stunden tätig ist?

3. Auf einem rechteckigen Grundstück steht eine Scheune. Die Scheune ist 20 Meter breit und eineinhalbmal so lang. Wie groß ist das Grundstück, wenn nach jeder Seite noch $7\frac{1}{4}$ Meter Grundstücksfläche vorhanden ist?
Erstelle eine Skizze und trage die Maße ein!

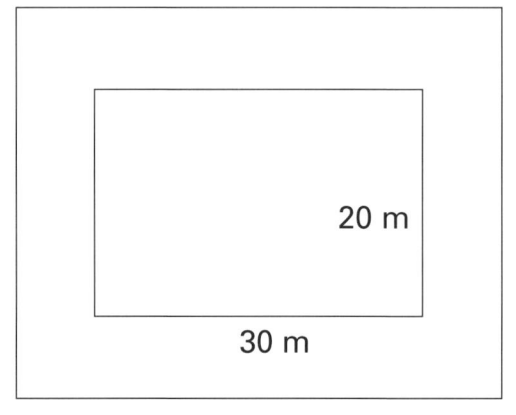

```
            ┌─────────────────────────┐
            │                         │
            │    ┌───────────┐        │
            │    │           │        │
            │    │   20 m    │        │  34 1/2 m
            │    │           │        │
            │    └───────────┘        │
            │       30 m              │
            └─────────────────────────┘
                    44 1/2 m
```

A = a · b

A = $44\frac{1}{2}$ m · $34\frac{1}{2}$ m = $\frac{89}{2}$ m · $\frac{69}{2}$ m = $\frac{6141}{4}$ m²

= $\underline{\underline{1535\frac{1}{4} \text{ m}^2}}$

Thema: 1. Bruchzahlen

Inhalt: 1.4 Bruchzahlen multiplizieren und dividieren

Lösung

4. Kreuze die richtigen Aussagen an!

- [X] Bruchzahlen multiplizieren heißt: Zähler mal Zähler, Nenner mal Nenner.
- [ ] Bruchzahlen multiplizieren heißt, auf einen gemeinsamen Nenner bringen und dann multiplizieren.
- [ ] Bruchzahlen dividieren heißt: Mit dem Kehrwert dividieren.
- [X] Bruchzahlen dividieren heißt: Mit dem Kehrwert multiplizieren.
- [X] Bruchzahlen dividieren heißt: Mit dem Kehrwert malnehmen.

5. Richtig gerechnet? Berichtige, wenn nötig!

a) $\frac{2}{3} : 2 = \frac{2}{3} : \frac{2}{1} = \frac{2}{3} \cdot \frac{1}{2} = \underline{\underline{\frac{1}{3}}}$ ✓

b) $2\frac{1}{2} : \frac{3}{4} = \frac{5}{2} \cdot \frac{\cancel{3}}{4} = \frac{15}{8} = 1\frac{7}{8}$

$\frac{5}{2} \cdot \frac{4}{3} = \frac{20}{6} = \frac{10}{3} = 3\frac{1}{3}$

c) $5\frac{1}{4} : 2\frac{1}{2} = \frac{21}{4} : \frac{5}{2} = \frac{21}{4} \cdot \frac{2}{5} = \frac{42}{20} = \frac{21}{10} = 2\frac{1}{10}$ ✓

d) $3\frac{1}{7} : 5 = \frac{22}{7} : \frac{1}{5} = \frac{22}{7} \cdot \frac{\cancel{5}}{\cancel{1}} = \frac{110}{7} = 15\frac{5}{7}$

$\frac{22}{7} \cdot \frac{1}{5} = \underline{\underline{\frac{22}{35}}}$

e) $3\frac{4}{5} : \frac{3}{8} = \frac{19}{5} : \frac{3}{8} = \frac{19}{5} \cdot \frac{8}{3} = \frac{152}{15} = 10\frac{2}{15}$ ✓

6. Ergänze den Lückentext zur Aufgabenstellung!

$6\frac{3}{4} : 18 = \frac{27}{4} : \frac{18}{1} = \frac{27}{4} \cdot \frac{1}{18} = \frac{27}{72} = \underline{\underline{\frac{3}{8}}}$

→ $1000 \text{ kg} \cdot \frac{3}{8} = \frac{1000 \text{ kg}}{1} \cdot \frac{3}{8} = \underline{\underline{375 \text{ kg}}}$

Ein Lkw hat __18__ gleich schwere Kisten geladen, die zusammen __$6\frac{3}{4}$__ Tonnen wiegen.

Wie viele Kilogramm wiegt eine Kiste?

7. Maria und Sebastian kochen Marmelade ein. Von 14 kg sind $\frac{3}{7}$ Erdbeermarmelade. Kreuze die richtige Berechnung an!

- [ ] $14 : \frac{3}{7} =$
- [X] $14 \cdot \frac{3}{7} =$
- [ ] $\frac{3}{7} : 14 =$
- [X] $\frac{3}{7} \cdot 14 =$
- [ ] $14 \cdot 7 : 3 =$
- [X] $14 : 7 \cdot 3 =$

Thema: 2. Geometrie 1	Name:
Inhalt: 2.1 Vierecke, Parallelogramme	Klasse:

1. Hier sind einige Bezeichnungen durcheinandergeraten. Stelle richtig!

   a) ___Rechteck___

   b) ___Drachen___

   c) ___Quadrat___

   d) ___gleichschenkliges Trapez___

   e) ___rechtwinkliges Trapez___

   f) ___Raute___

   g) ___Parallelogramm___

   h) ___Trapez___

2. Welches Viereck ist hier beschrieben?

   a) Alle vier Seiten sind gleich lang – vier rechte Winkel

   b) Alle vier Seiten sind unterschiedlich lang

   c) Es gibt zwei Paar gleich langer Seiten – vier rechte Winkel

   d) Ein Paar paralleler Seiten – kein rechter Winkel – die beiden anderen Seiten sind nicht gleich lang

   e) Alle vier Seiten sind gleich lang – kein rechter Winkel

   f) Die Diagonalen stehen senkrecht aufeinander, halbieren sich aber nicht

   g) Ein Paar paralleler Seiten – ein rechter Winkel

   h) Zwei Paar paralleler Seiten – kein rechter Winkel

   i) Ein Paar paralleler Seiten – kein rechter Winkel – die beiden anderen Seiten sind gleich lang

Thema: 2. Geometrie 1	Name:
Inhalt: 2.1 Vierecke, Parallelogramme	Klasse:

3. Benenne die eingezeichneten Linien!

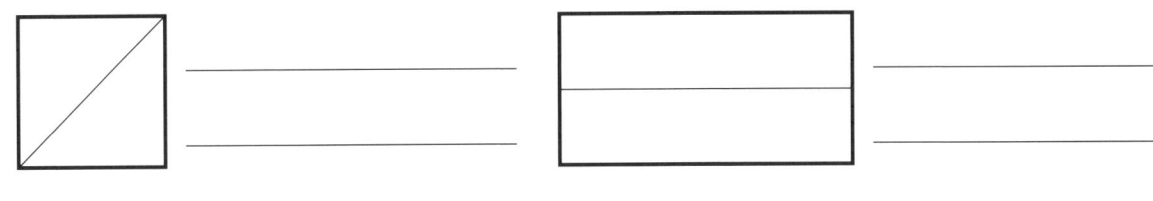

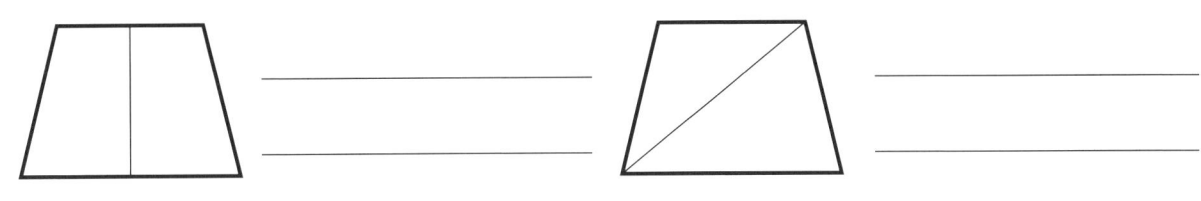

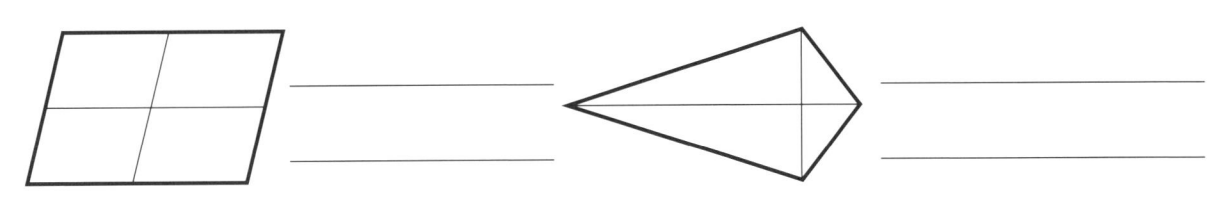

_____   _____
_____   _____

_____   _____
_____   _____

_____   _____
_____   _____

4. Wie ergänze ich jetzt durch eine Parallelverschiebung zu einem Parallelogramm? Es gibt zwei Möglichkeiten!

Geg.: $a = 6$ cm
$d = 2,5$ cm

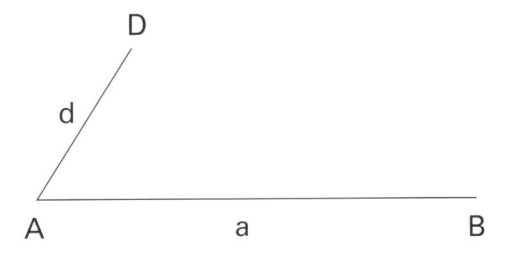

1. Möglichkeit:

  • Ich verschiebe die Strecke AB durch D.

  • _____

2. Möglichkeit:

  • Ich verschiebe die Strecke AD durch B.

  • _____

a) Was erhalte ich, wenn ich die Punkte B und D verbinde?

_____

b) Welche Flächen entstehen, wenn ich die Punkte A und C verbinde?

_____

Thema: 2. Geometrie 1

Inhalt: 2.1 Vierecke, Parallelogramme

Lösung

1. Hier sind einige Bezeichnungen durcheinandergeraten. Stelle richtig!

   a) __Rechteck__

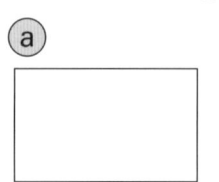

   b) ~~Drachen~~
      __unregelmäßiges Trapez__

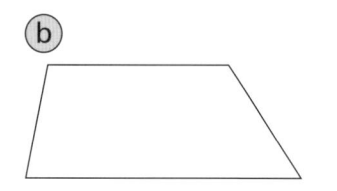

   c) ~~Quadrat~~
      __Raute__

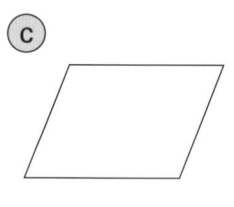

   d) __gleichschenkliges Trapez__

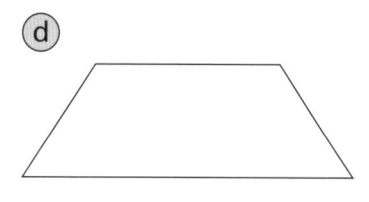

   e) __rechtwinkliges Trapez__

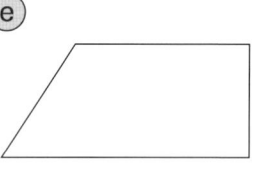

   f) ~~Raute~~
      __Quadrat__

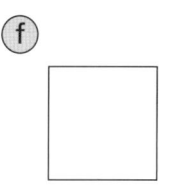

   g) __Parallelogramm__

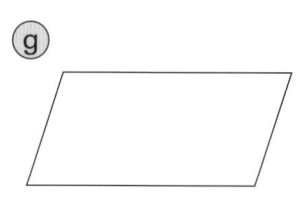

   h) ~~Trapez~~
      __Drachen__

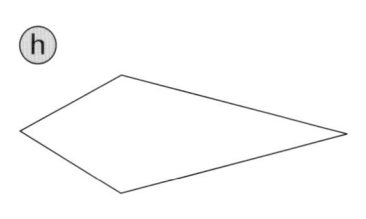

2. Welches Viereck ist hier beschrieben?

   a) Alle vier Seiten sind gleich lang –
      vier rechte Winkel **Quadrat**

   b) Alle vier Seiten sind unterschiedlich lang **unregelmäßiges Viereck**

   c) Es gibt zwei Paar gleich langer Seiten –
      vier rechte Winkel **Rechteck**

   d) Ein Paar paralleler Seiten – kein rechter
      Winkel – die beiden anderen Seiten sind
      nicht gleich lang **unregelmäßiges Trapez**

   e) Alle vier Seiten sind gleich lang –
      kein rechter Winkel **Raute**

   f) Die Diagonalen stehen senkrecht aufeinander,
      halbieren sich aber nicht **Drachen**

   g) Ein Paar paralleler Seiten –
      ein rechter Winkel **rechtwinkliges Trapez**

   h) Zwei Paar paralleler Seiten –
      kein rechter Winkel **Parallelogramm**

   i) Ein Paar paralleler Seiten – kein rechter
      Winkel – die beiden anderen Seiten
      sind gleich lang **gleichschenkliges Trapez**

Thema:	2. Geometrie 1	Lösung
Inhalt:	2.1 Vierecke, Parallelogramme	

3. Benenne die eingezeichneten Linien!

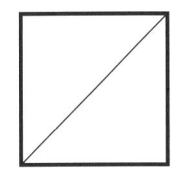

- Digonale
- Symmetrieachse

- Mittellinie
- Symmetrieachse

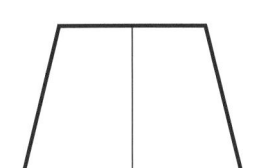

- Mittellinie
- Symmetrieachse

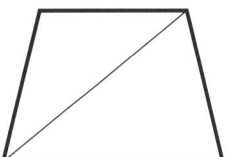

- Diagonale

- Mittellinien

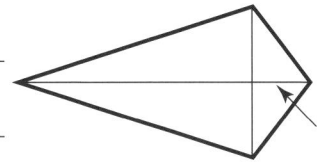

- Diagonalen
- 1 Symmetrieachse

4. Wie ergänze ich jetzt durch eine Parallelverschiebung zu einem Parallelogramm? Es gibt zwei Möglichkeiten!

Geg.: a = 6 cm
d = 2,5 cm

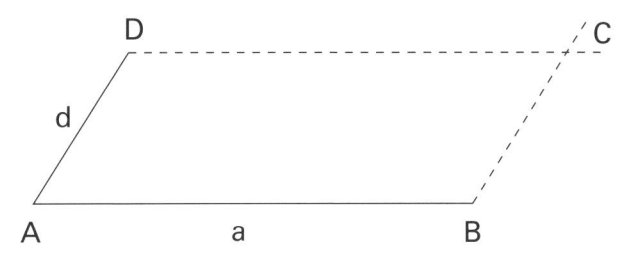

1. Möglichkeit:

- Ich verschiebe die Strecke AB durch D.
- **Ich verschiebe die Strecke AD durch B ($\to$ C).**

2. Möglichkeit:

- Ich verschiebe die Strecke AD durch B.
- **Ich verschiebe die Strecke AB durch D ($\to$ C).**

a) Was erhalte ich, wenn ich die Punkte B und D verbinde?

Diagonale

b) Welche Flächen entstehen, wenn ich die Punkte A und C verbinde?

2 gleich große Dreiecke

Thema: 2. Geometrie 1	Name:
Inhalt: 2.2 Streckenzüge und Kreise	Klasse:

1. Zeichne die Punkte A (6/4), B (12/4), C (10/7) und D (4/7) in das Koordinatensystem ein und verbinde sie miteinander! Erstelle nun den Streckenzug ABCD! Es entsteht das Dach eines Hauses. Kannst du nun mit einem zusammenhängenden Streckenzug das Haus zeichnen? Lass das Haus durch weitere Streckenzüge heller werden!

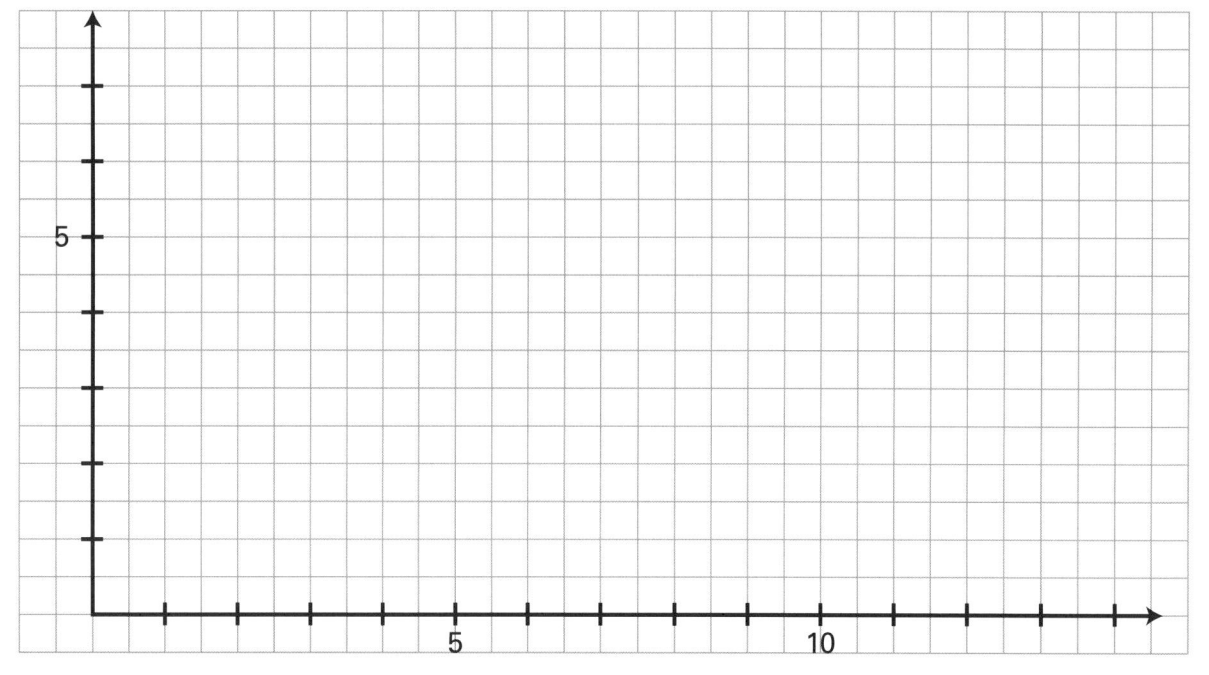

2. In dem Quadrat „wandert" die Seite a 1 cm auf die Seite c zu. Zeichne und erkläre, welche Fläche entsteht!

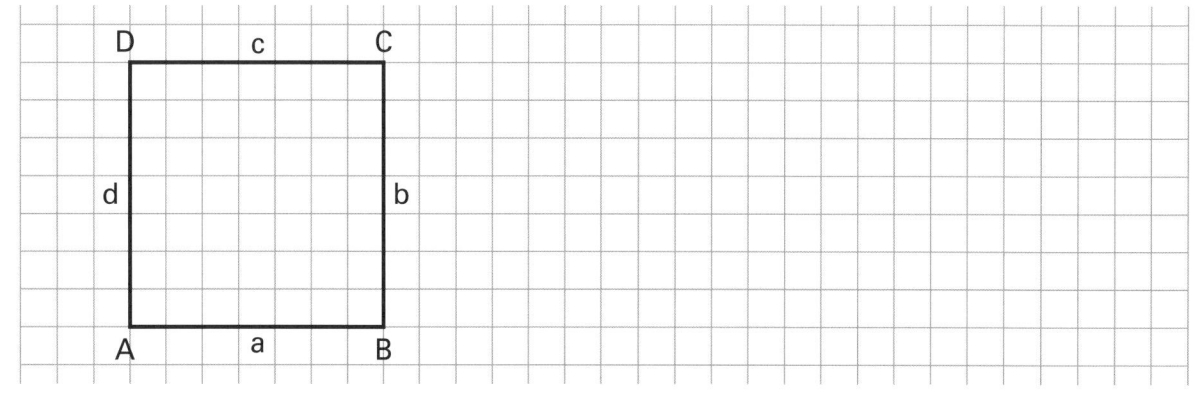

3. In dem Rechteck „wandern" die Punkte C und D jeweils 1 cm aufeinander zu. Zeichne und erkläre, welche Fläche entsteht!

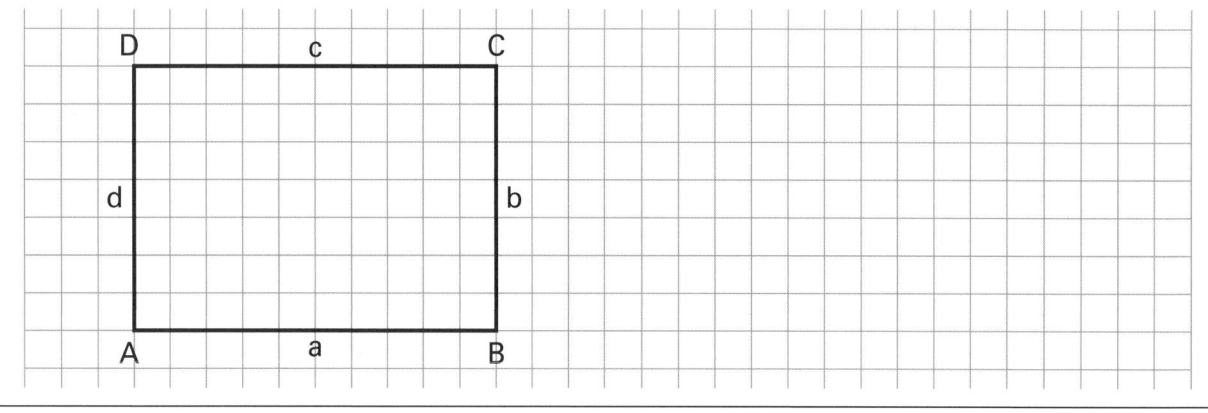

Thema: 2. Geometrie 1	**Name:**
Inhalt: 2.2 Streckenzüge und Kreise	**Klasse:**

4. Kreuze die richtigen Aussagen an!

☐ In (1) ist die Länge der Quadratseite so groß wie der Durchmesser des Kreises.

☐ In (1) ist der Mittelpunkt zugleich der Schnittpunkt der Diagonalen.

☐ In (1) sind die Fläche des Quadrats und die Fläche des Kreises gleich groß.

☐ In (1) entspricht der Durchmesser des Kreises der Diagonalen des Quadrats.

☐ In (2) entspricht der Durchmesser des Kreises der Diagonalen des Quadrats.

☐ In (2) ist die Fläche des Kreises größer als die Fläche des Quadrats.

5. Ein Rasensprenger überstreicht eine Kreisfläche mit einem Durchmesser von 6 m. Nach einiger Zeit wird er um 5 m nach rechts versetzt.

a) Bestimme aufgrund der Zeichnung den Maßstab! _____

b) Was passiert? Zeichne! _____

c) Wie hätte sich das verhindern lassen? _____

Thema: 2. Geometrie 1

Inhalt: 2.2 Streckenzüge und Kreise

Lösung

1. Zeichne die Punkte A (6/4), B (12/4), C (10/7) und D (4/7) in das Koordinatensystem ein und verbinde sie miteinander! Erstelle nun den Streckenzug ABCD! Es entsteht das Dach eines Hauses. Kannst du nun mit einem zusammenhängenden Streckenzug das Haus zeichnen? Lass das Haus durch weitere Streckenzüge heller werden!

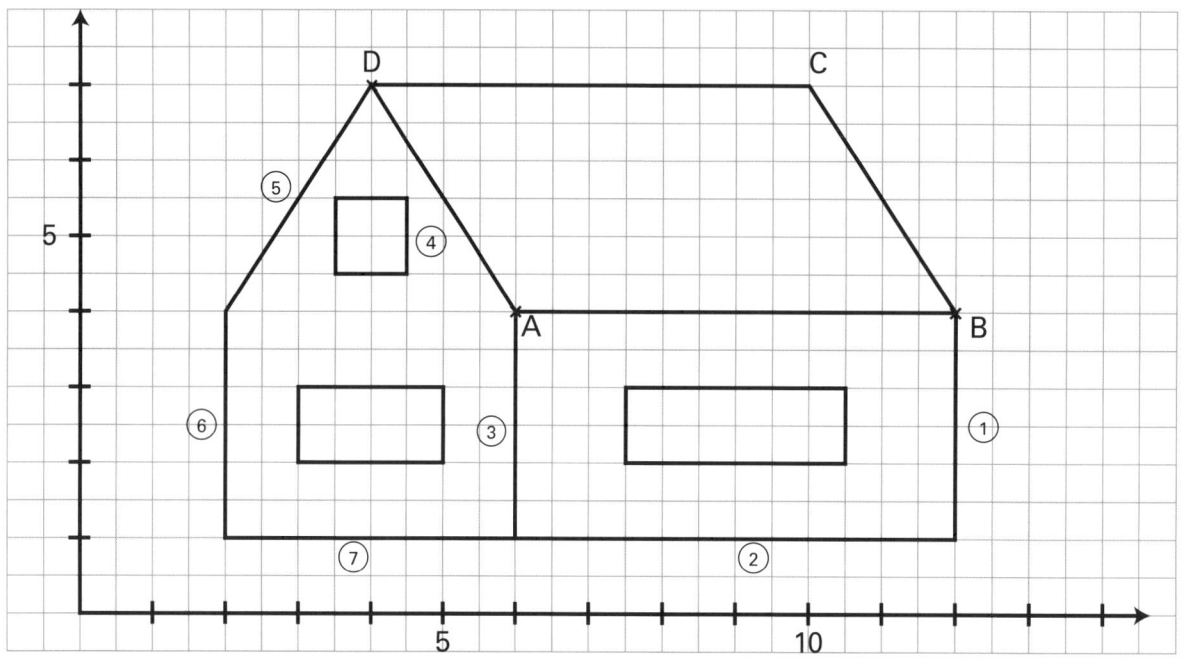

2. In dem Quadrat „wandert" die Seite a 1 cm auf die Seite c zu. Zeichne und erkläre, welche Fläche entsteht!

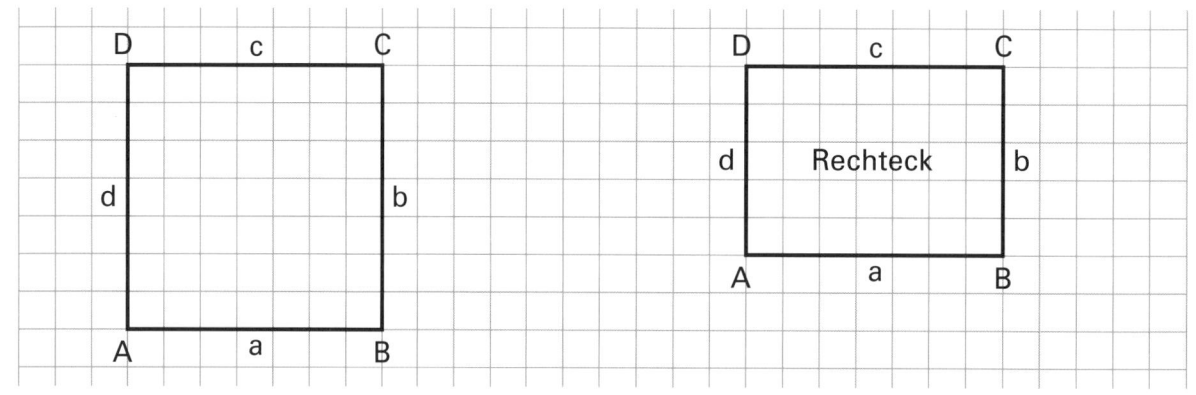

3. In dem Rechteck „wandern" die Punkte C und D jeweils 1 cm aufeinander zu. Zeichne und erkläre, welche Fläche entsteht!

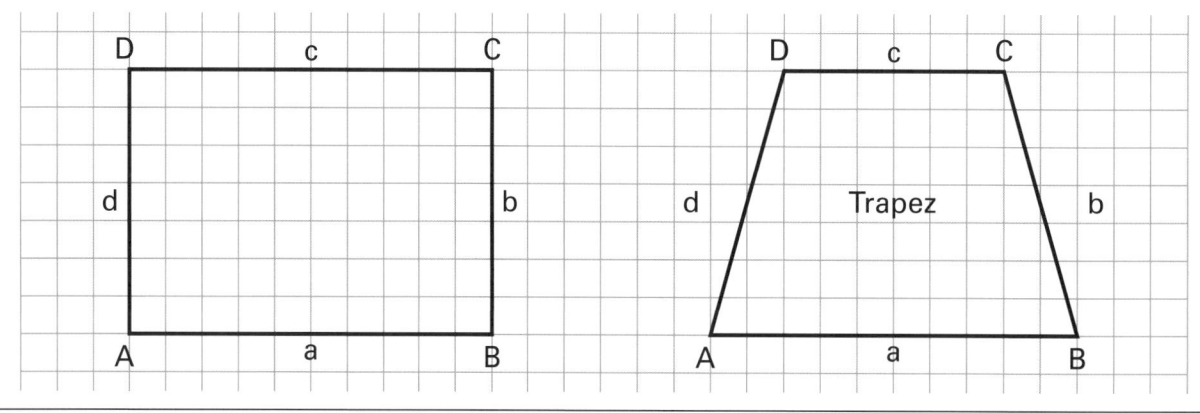

Thema: 2. Geometrie 1

Inhalt: 2.2 Streckenzüge und Kreise

Lösung

4. Kreuze die richtigen Aussagen an!

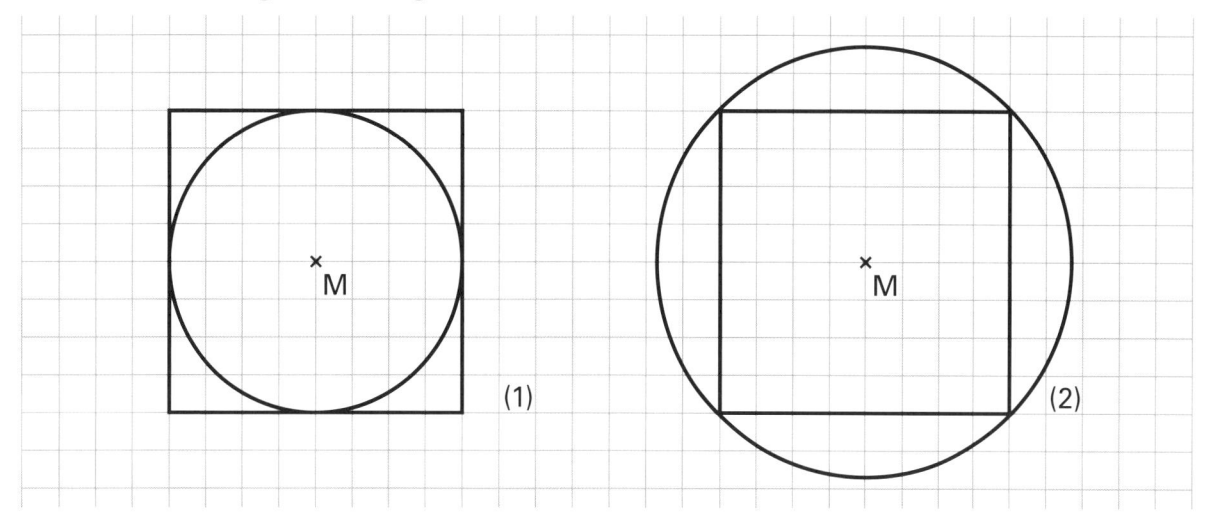

- [X] In (1) ist die Länge der Quadratseite so groß wie der Durchmesser des Kreises.
- [X] In (1) ist der Mittelpunkt zugleich der Schnittpunkt der Diagonalen.
- [ ] In (1) sind die Fläche des Quadrats und die Fläche des Kreises gleich groß.
- [ ] In (1) entspricht der Durchmesser des Kreises der Diagonalen des Quadrats.
- [X] In (2) entspricht der Durchmesser des Kreises der Diagonalen des Quadrats.
- [X] In (2) ist die Fläche des Kreises größer als die Fläche des Quadrats.

5. Ein Rasensprenger überstreicht eine Kreisfläche mit einem Durchmesser von 6 m. Nach einiger Zeit wird er um 5 m nach rechts versetzt.

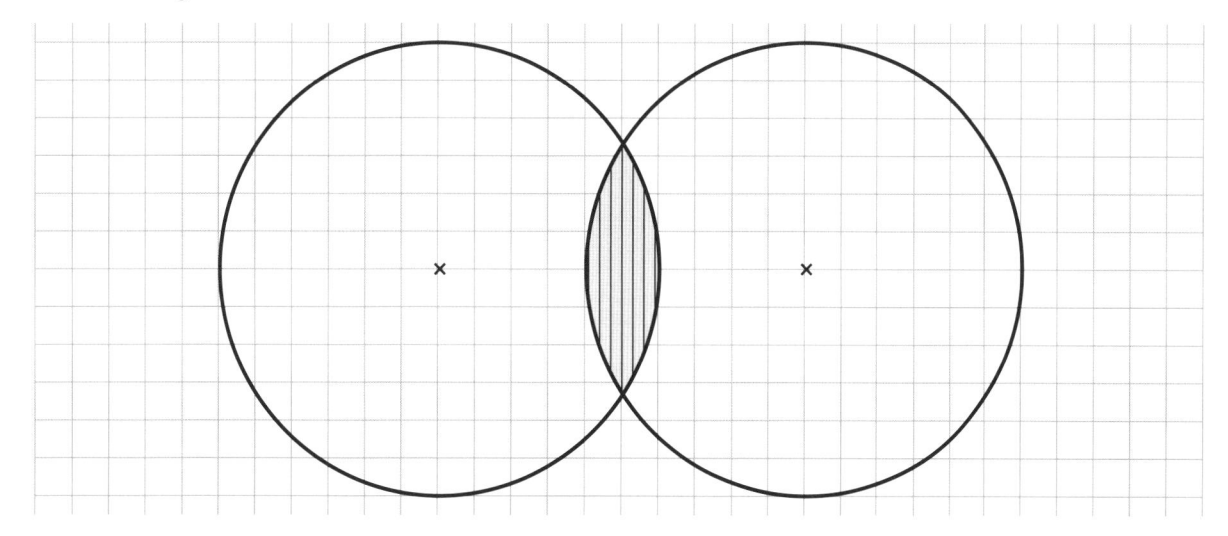

a) Bestimme aufgrund der Zeichnung den Maßstab! **1 : 100**

b) Was passiert? Zeichne! **Ein Stück wird zweimal gesprengt.**

c) Wie hätte sich das verhindern lassen? **Rasensprenger 1 m weiter nach rechts.**

Thema: 2. Geometrie 1	Name:
Inhalt: 2.3 Figuren drehen	Klasse:

1. *Drehe die folgenden Figuren nach der jeweiligen Angabe! Der Drehpunkt ist mit einem „x" gekennzeichnet.*

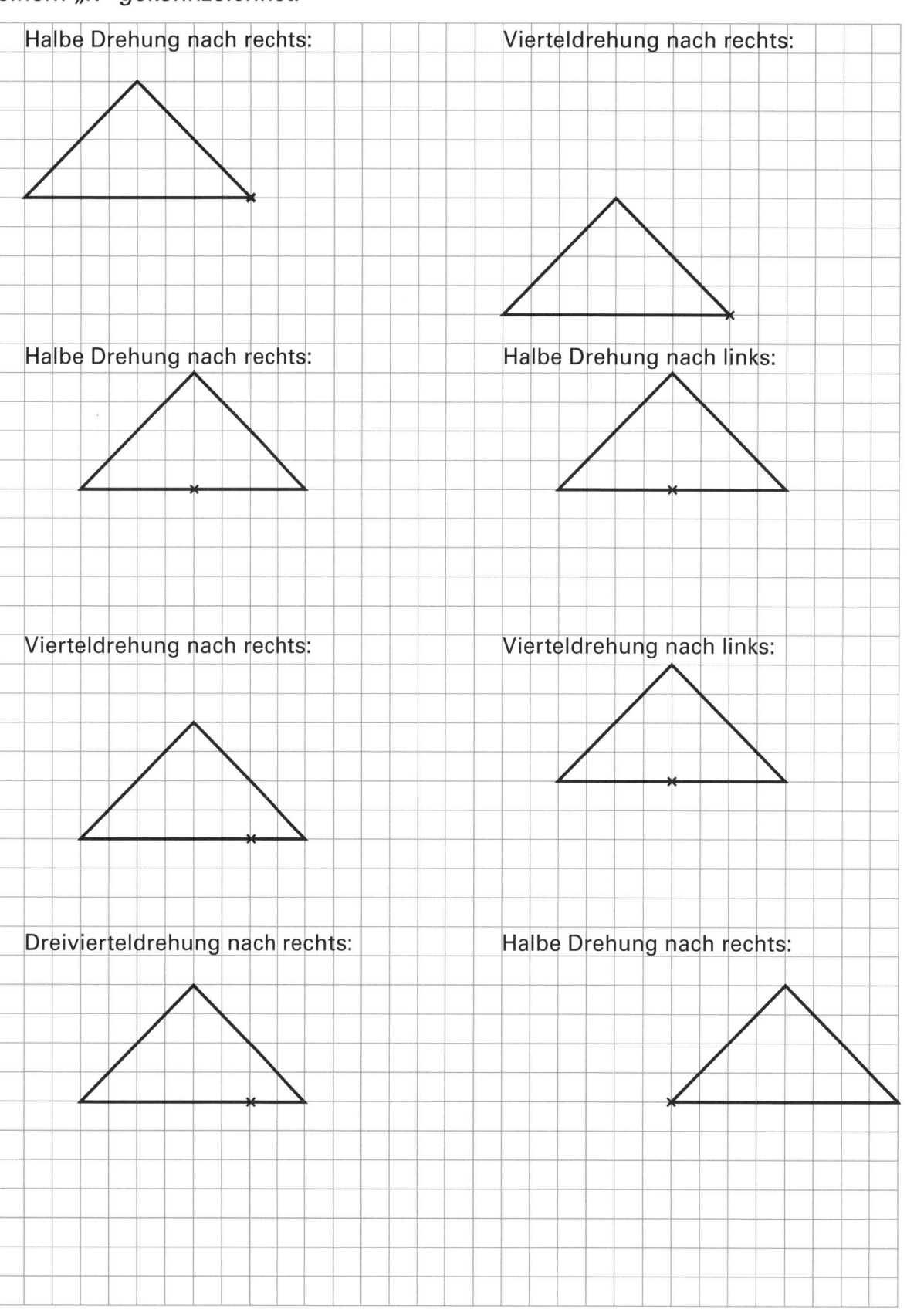

Halbe Drehung nach rechts:

Vierteldrehung nach rechts:

Halbe Drehung nach rechts:

Halbe Drehung nach links:

Vierteldrehung nach rechts:

Vierteldrehung nach links:

Dreivierteldrehung nach rechts:

Halbe Drehung nach rechts:

Thema: 2. Geometrie 1	Name:
Inhalt: 2.3 Figuren drehen	Klasse:

2. Bestimme den Drehpunkt und gib Drehmaß (beide Möglichkeiten) und Drehrichtung an!

Thema: 2. Geometrie 1

Inhalt: 2.3 Figuren drehen

Lösung

1. Drehe die folgenden Figuren nach der jeweiligen Angabe! Der Drehpunkt ist mit einem „x" gekennzeichnet.

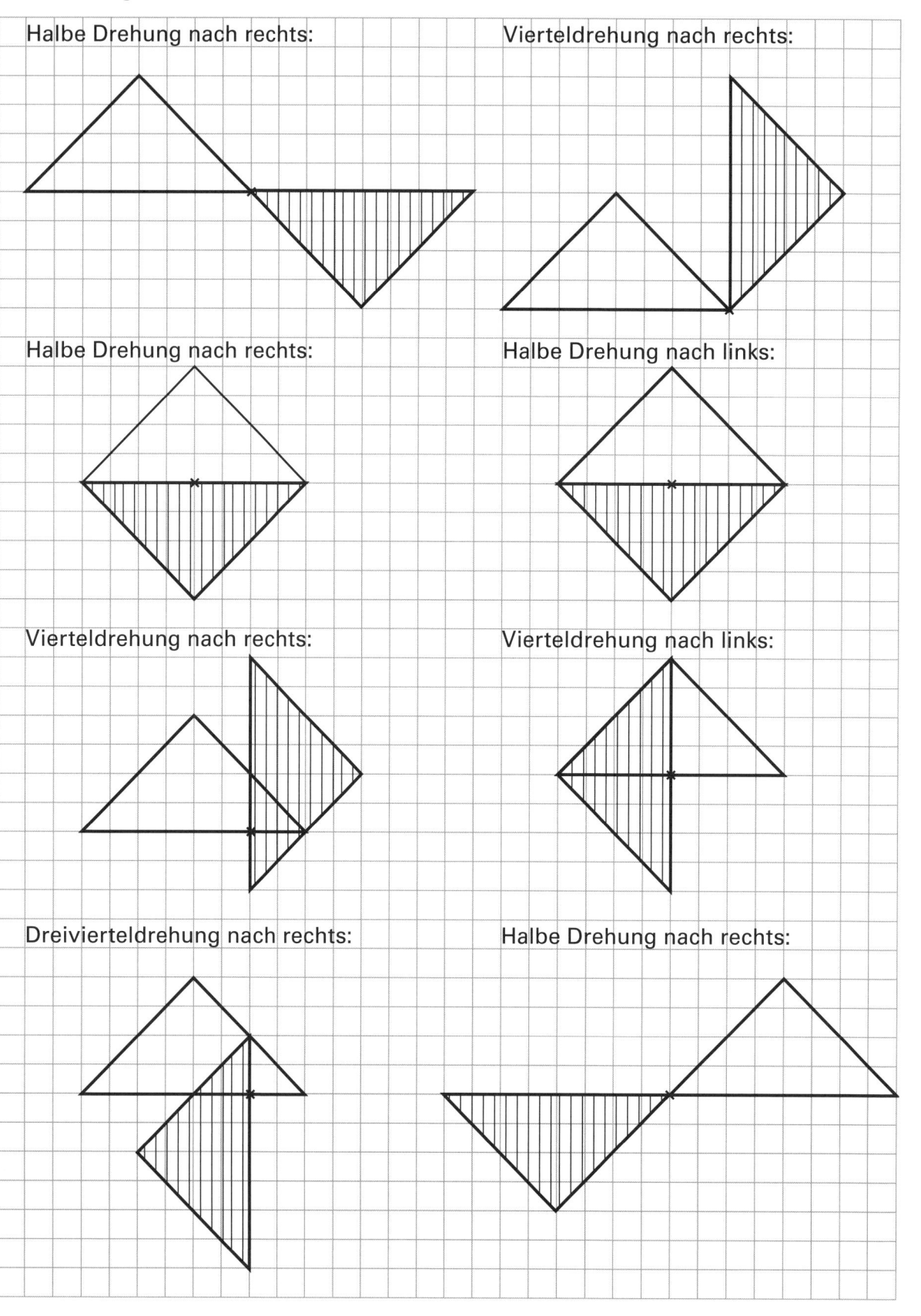

Halbe Drehung nach rechts:

Vierteldrehung nach rechts:

Halbe Drehung nach rechts:

Halbe Drehung nach links:

Vierteldrehung nach rechts:

Vierteldrehung nach links:

Dreivierteldrehung nach rechts:

Halbe Drehung nach rechts:

Thema: 2. Geometrie 1

Inhalt: 2.3 Figuren drehen

Lösung

2. Bestimme den Drehpunkt und gib Drehmaß (beide Möglichkeiten) und Drehrichtung an!

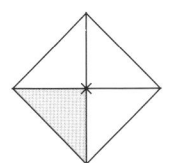

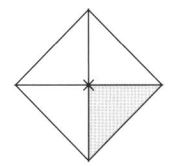

$\frac{1}{4}$ nach links; $\frac{3}{4}$ nach rechts

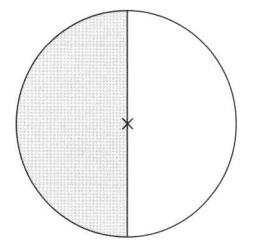

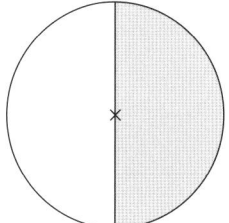

$\frac{1}{2}$ nach links; $\frac{1}{2}$ nach rechts

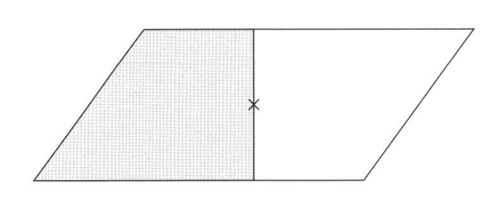

$\frac{1}{2}$ nach links; $\frac{1}{2}$ nach rechts

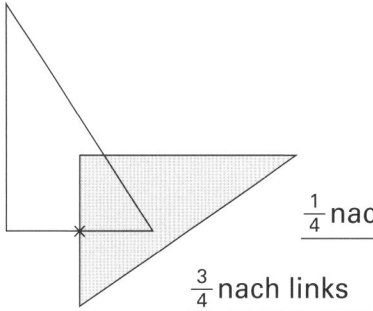

$\frac{1}{4}$ nach rechts; $\frac{3}{4}$ nach links

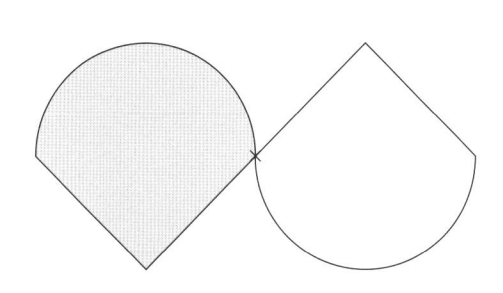

$\frac{1}{2}$ nach links; $\frac{1}{2}$ nach rechts

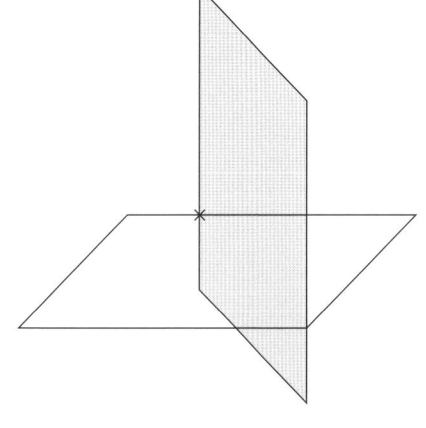

$\frac{1}{4}$ nach links; $\frac{3}{4}$ nach rechts

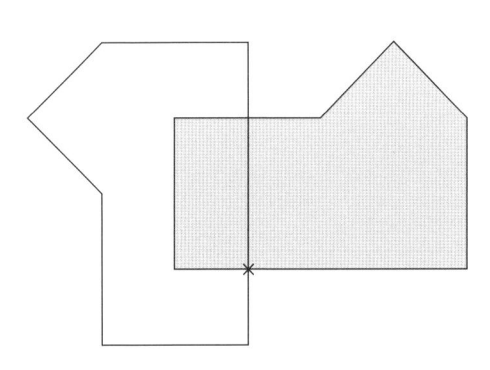

$\frac{1}{4}$ nach rechts; $\frac{3}{4}$ nach links

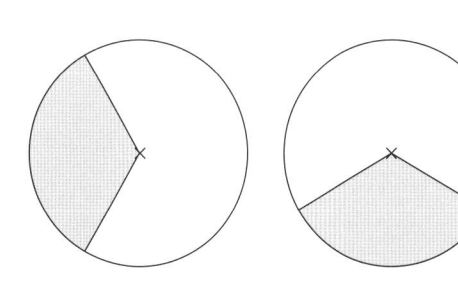

$\frac{1}{3}$ nach links; $\frac{2}{3}$ nach rechts

Thema: 2. Geometrie 1	Name:
Inhalt: 2.4 Figuren verschieben	Klasse:

1. Verschiebe die folgenden Flächen nach der jeweiligen Angabe (K = Kästchen)! Welche Körper entstehen?

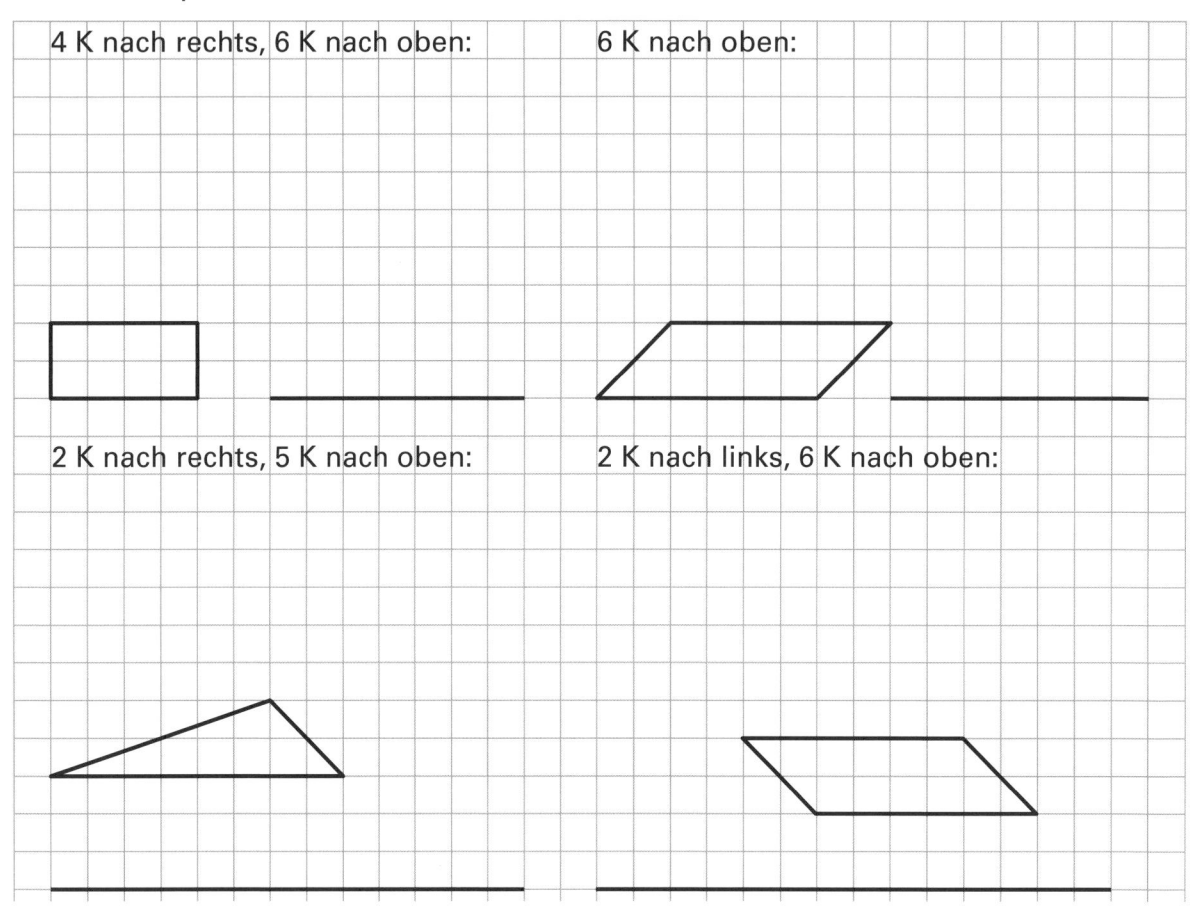

   4 K nach rechts, 6 K nach oben: 6 K nach oben:

   2 K nach rechts, 5 K nach oben: 2 K nach links, 6 K nach oben:

2. Die Quadrate mit den Punkten A (4/0), B (8/0), C (8/4), D (4/4) und E (4/2), F (8/2), G (8/6), H (4/6) sind aus einem Rechteck durch Verschiebung entstanden. Zeichne die beiden Quadrate in das Koordinatensystem ein, gib die Koordinaten des ursprünglichen Rechtecks und die Verschiebungsrichtung an!

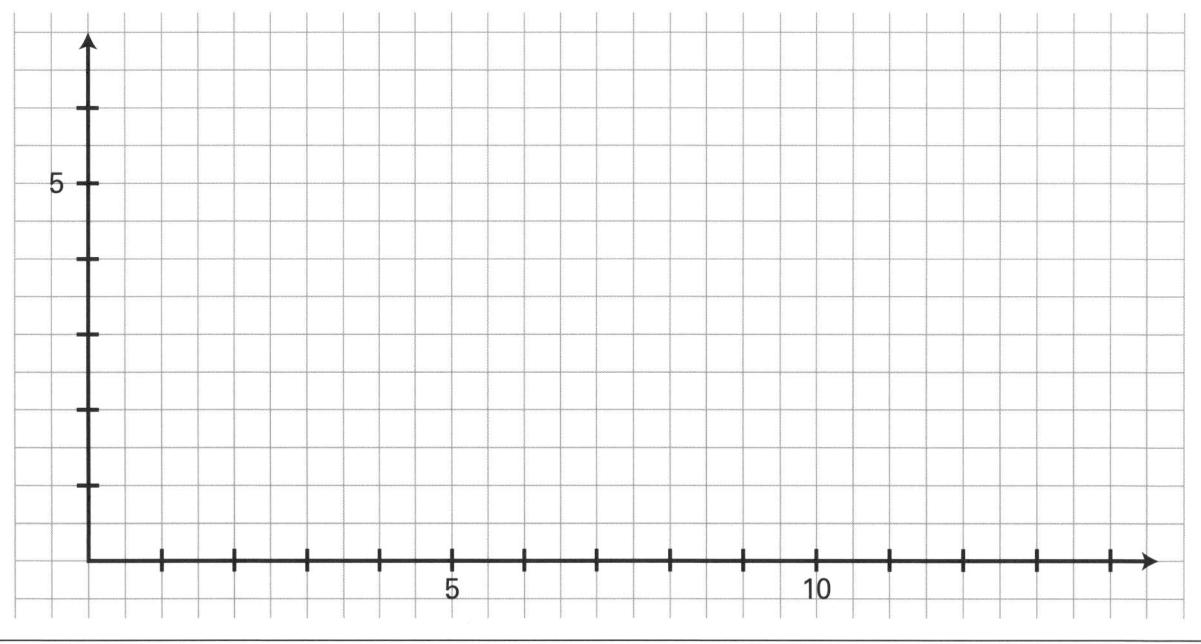

Thema: 2. Geometrie 1	**Name:**
Inhalt: 2.4 Figuren verschieben	**Klasse:**

3. Es gibt grundsätzlich vier Möglichkeiten, aus dem Rechteck A (5/6), B (8/6), C (8/7) und D (5/7) das Schrägbild eines Quaders durch Verschiebung zu zeichnen. Stelle sie im Koordinatensystem dar!

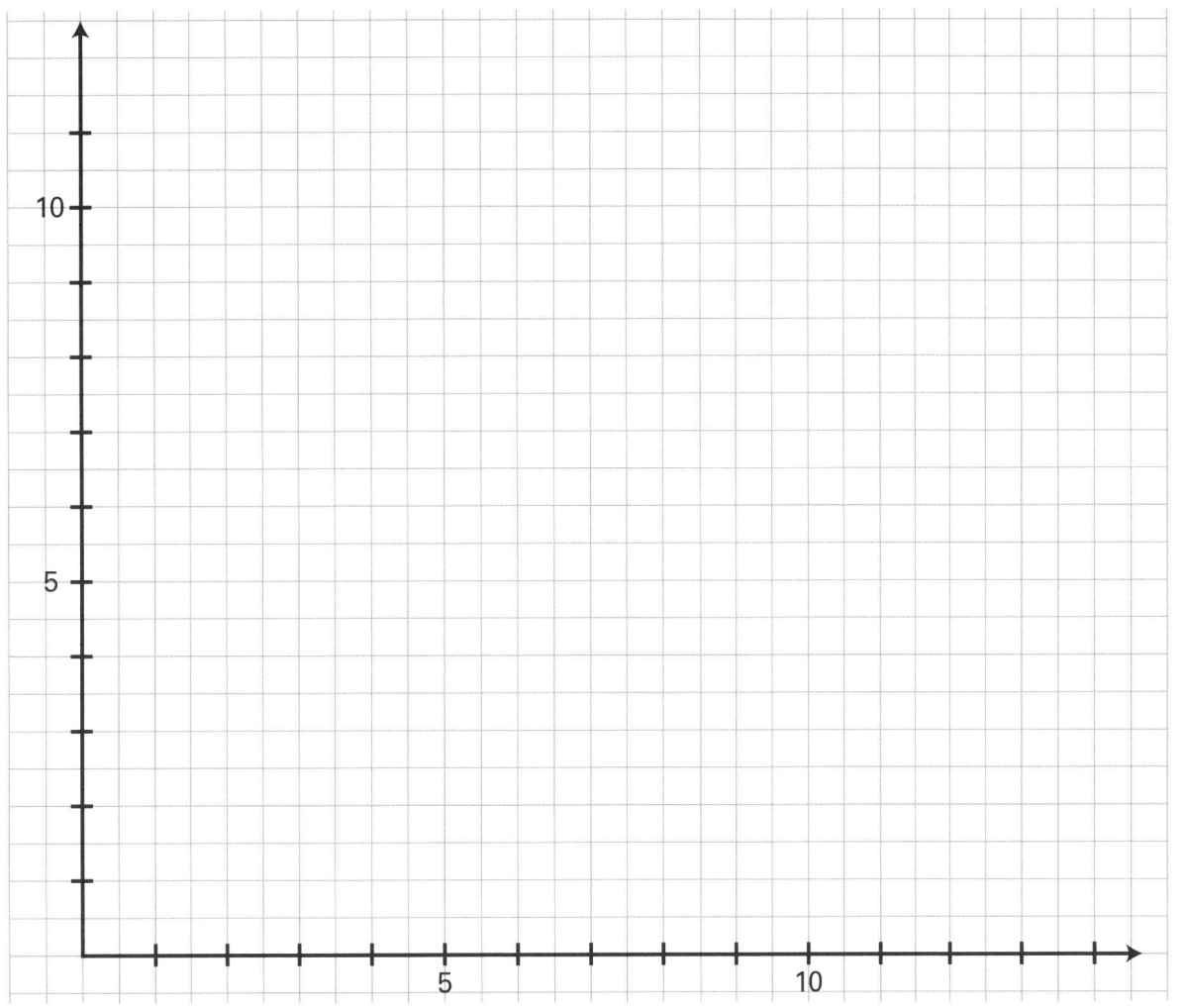

4. Welche Figuren sind durch Spiegeln, durch Drehen und durch Verschieben entstanden?

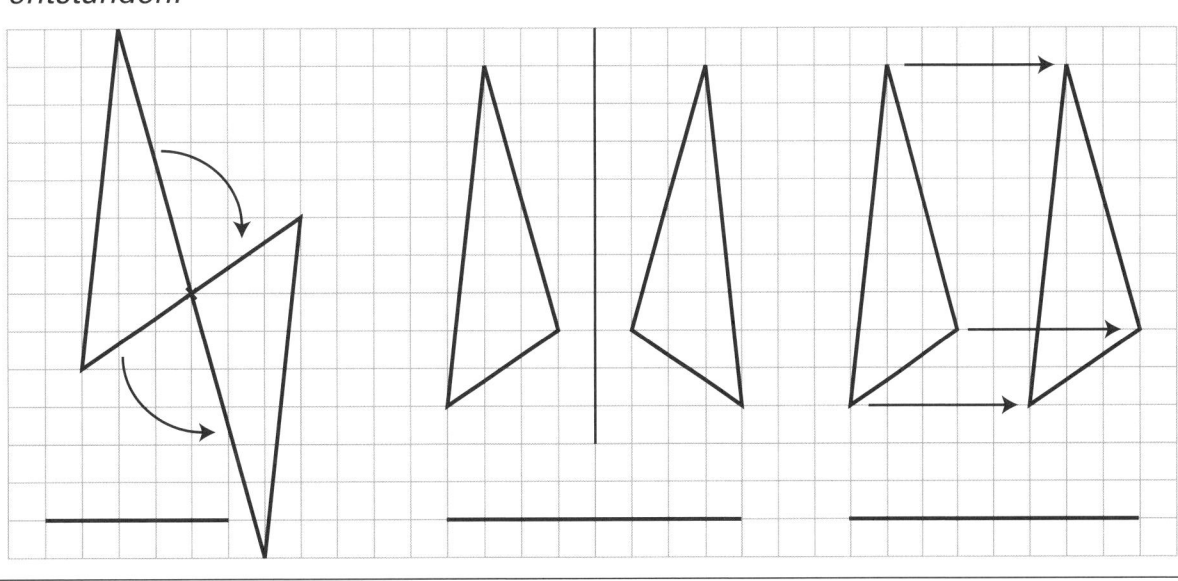

Thema: 2. Geometrie 1

Inhalt: 2.4 Figuren verschieben

Lösung

1. Verschiebe die folgenden Flächen nach der jeweiligen Angabe (K = Kästchen)! Welche Körper entstehen?

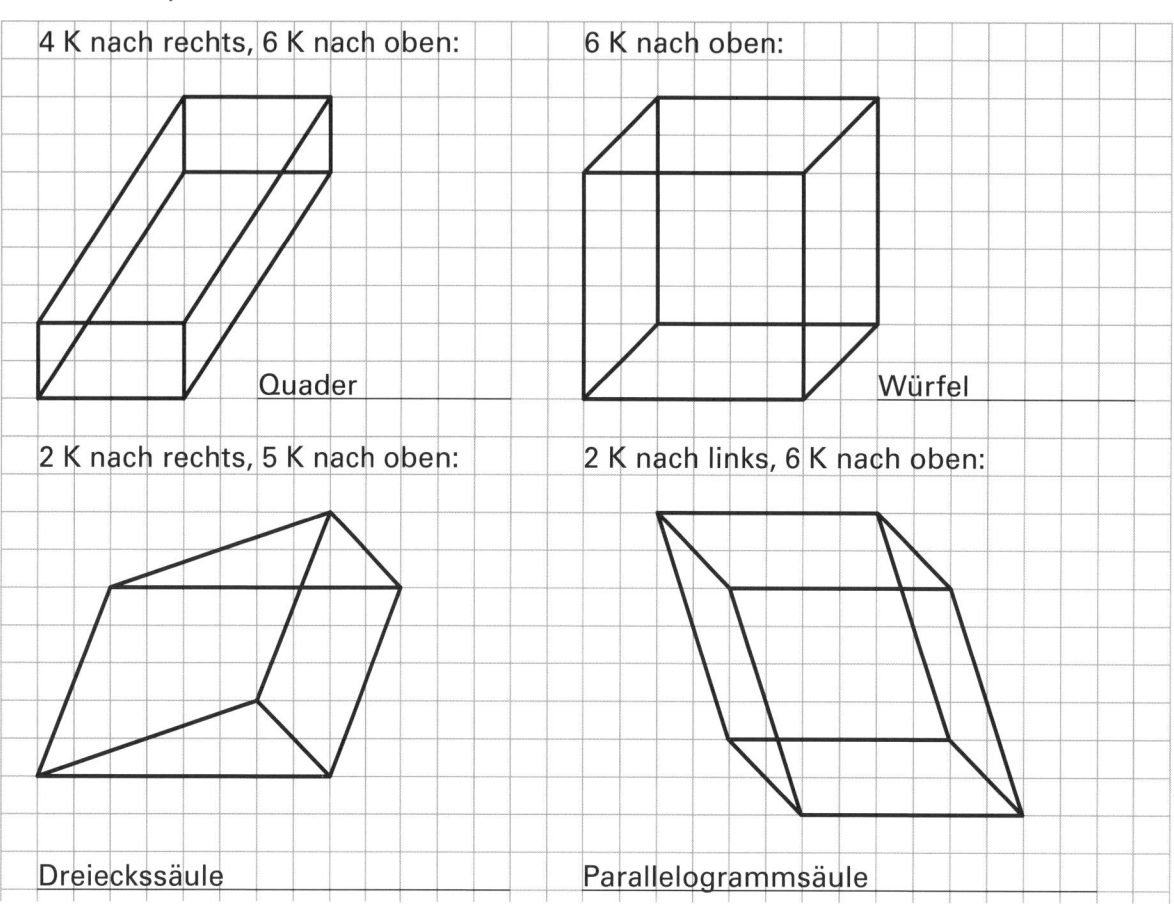

   4 K nach rechts, 6 K nach oben: Quader

   6 K nach oben: Würfel

   2 K nach rechts, 5 K nach oben: Dreieckssäule

   2 K nach links, 6 K nach oben: Parallelogrammsäule

2. Die Quadrate mit den Punkten A (4/0), B (8/0), C (8/4), D (4/4) und E (4/2), F (8/2), G (8/6), H (4/6) sind aus einem Rechteck durch Verschiebung entstanden. Zeichne die beiden Quadrate in das Koordinatensystem ein, gib die Koordinaten des ursprünglichen Rechtecks und die Verschiebungsrichtung an!

   4 K nach oben bzw. 4 K nach unten

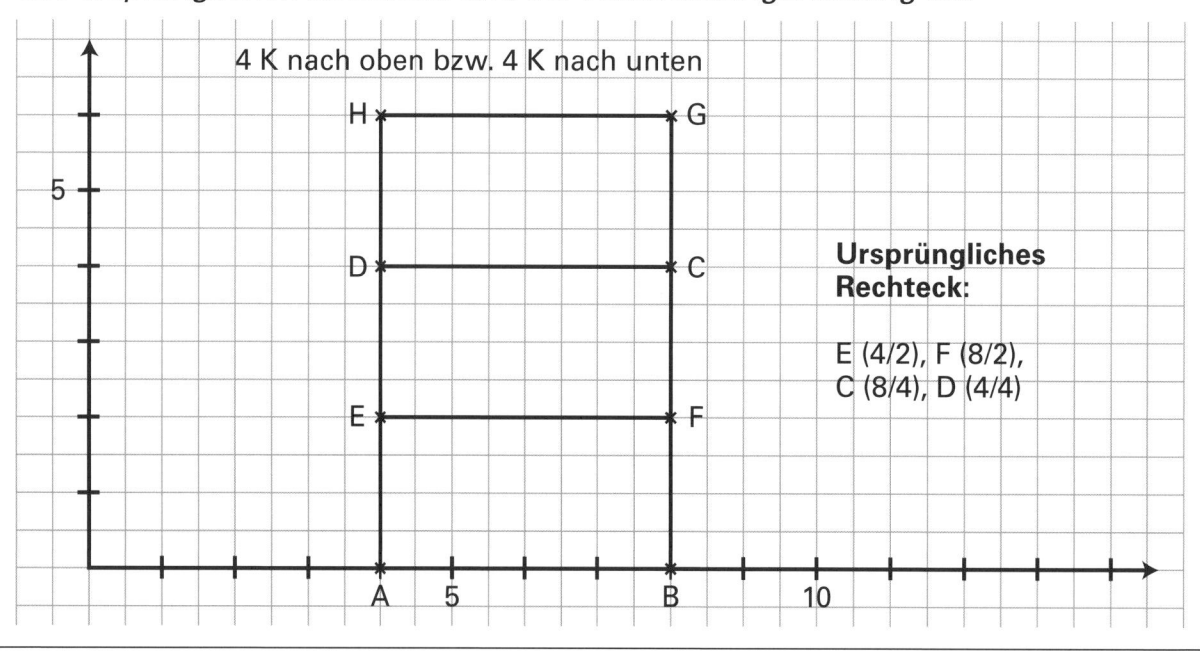

   Ursprüngliches Rechteck:

   E (4/2), F (8/2), C (8/4), D (4/4)

Thema: 2. Geometrie 1

Inhalt: 2.4 Figuren verschieben

Lösung

3. Es gibt grundsätzlich vier Möglichkeiten, aus dem Rechteck A (5/6), B (8/6), C (8/7) und D (5/7) das Schrägbild eines Quaders durch Verschiebung zu zeichnen. Stelle sie im Koordinatensystem dar!

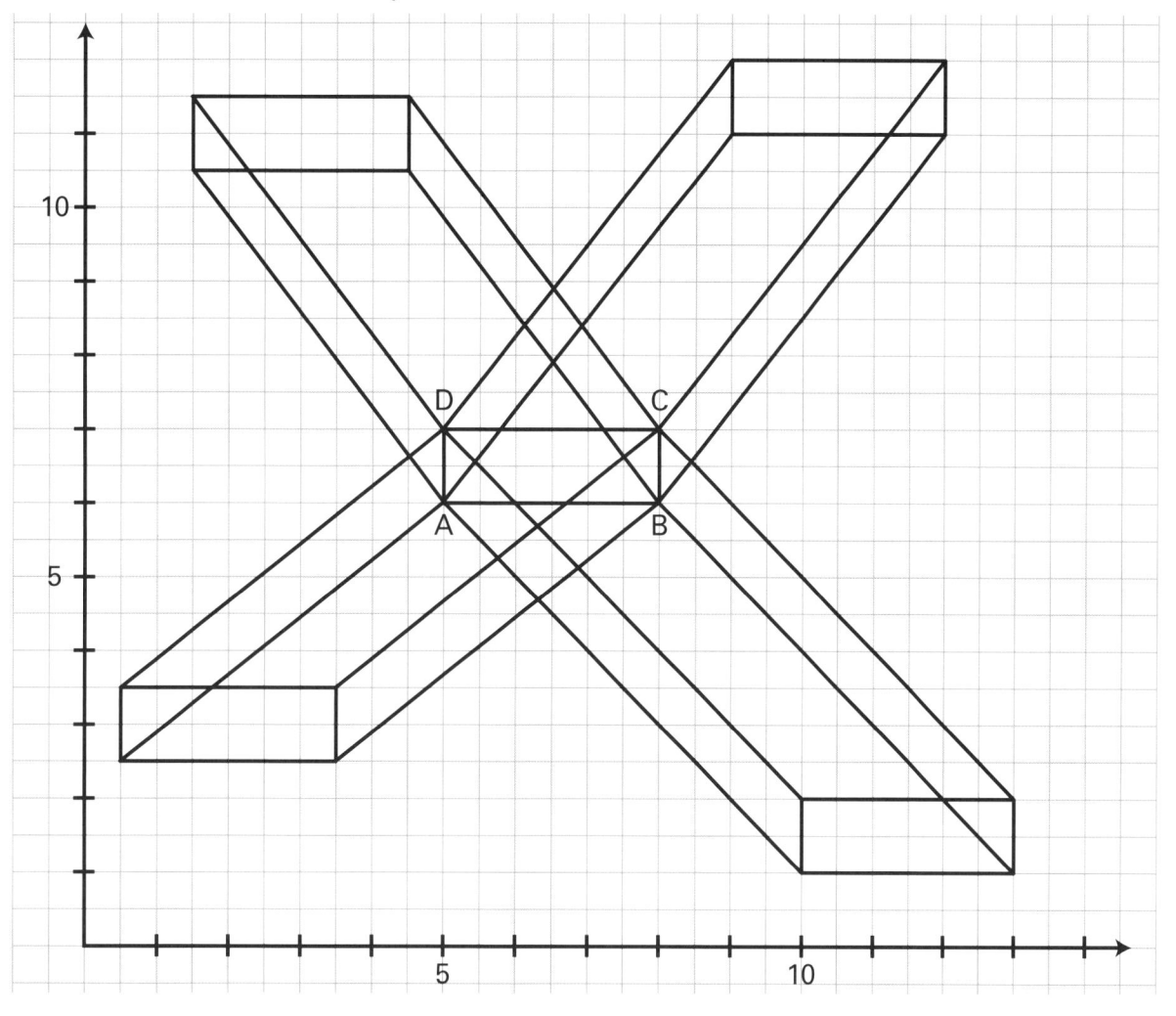

4. Welche Figuren sind durch Spiegeln, durch Drehen und durch Verschieben entstanden?

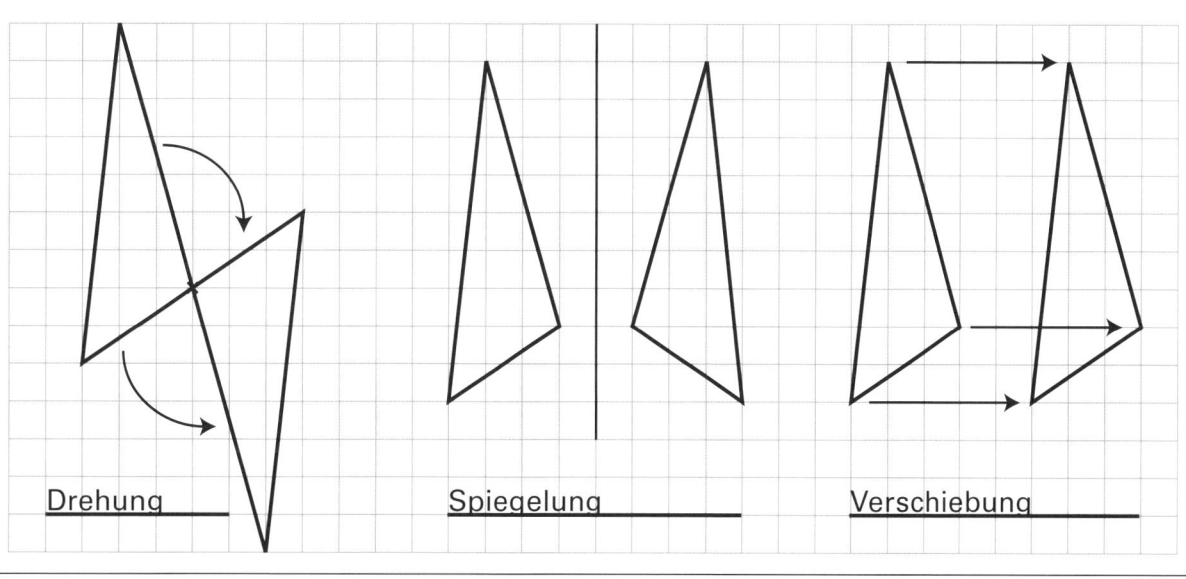

Drehung Spiegelung Verschiebung

Thema: 2. Geometrie 1	**Name:**
Inhalt: 2.5 Winkel zeichnen, Winkel messen	**Klasse:**

1. Ordne die Größe der Mittelpunktswinkel den einzelnen Kreisen zu!
   120° – 45° – 90° – 60° – 72°

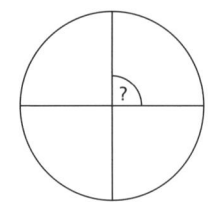

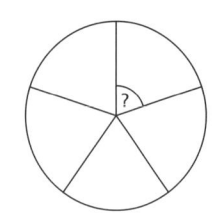

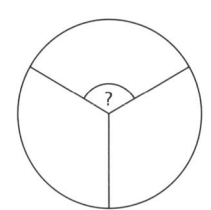

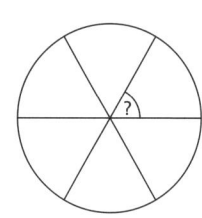

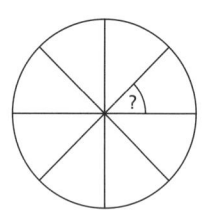

   _____   _____   _____   _____   _____

2. Überprüfe, ob die Winkel richtig angetragen sind!

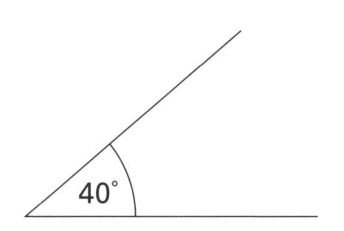

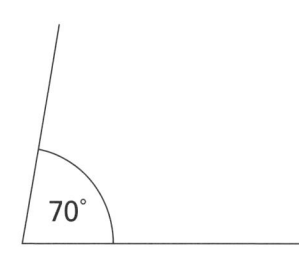

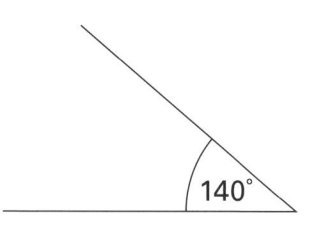

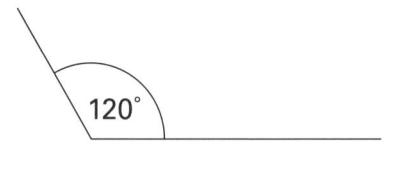

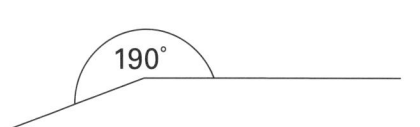

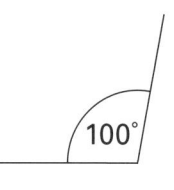

   40°   70°   140°

   120°   190°   100°

3. Ergänze die Konstruktionsanweisungen!
   Trage ein!

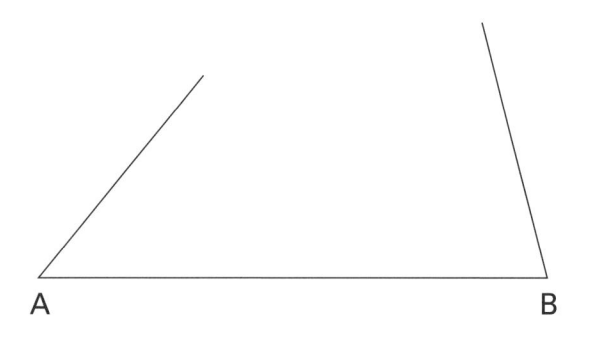

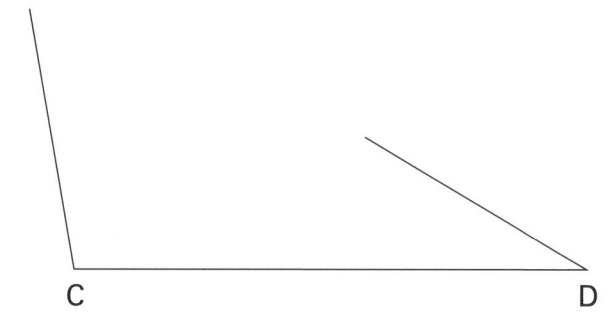

   A   B   C   D

   a) in A den Winkel _____   c) in _____

   _____   _____

   b) in B den Winkel _____   d) in _____

   _____   _____

Thema: 2. Geometrie 1	Name:
Inhalt: 2.5 Winkel zeichnen, Winkel messen	Klasse:

4. Schätze die einzelnen Winkelgrößen!

❶ _____

❷ _____

❸ _____

❹ _____

❺ _____

❻ _____

Thema: 2. Geometrie 1

Inhalt: 2.5 Winkel zeichnen, Winkel messen

Lösung

1. Ordne die Größe der Mittelpunktswinkel den einzelnen Kreisen zu!
120° – 45° – 90° – 60° – 72°

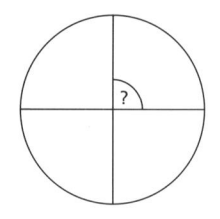

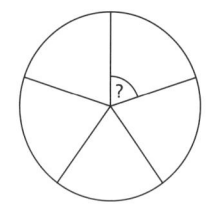

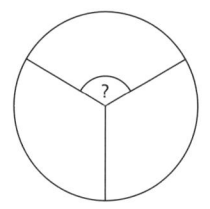

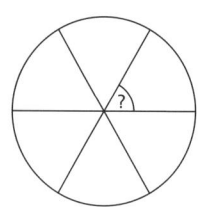

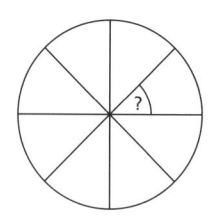

   90°　　　72°　　　120°　　　60°　　　45°

2. Überprüfe, ob die Winkel richtig angetragen sind!

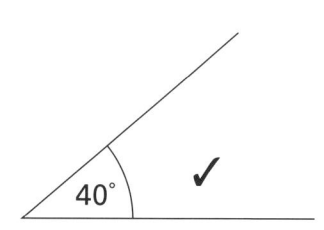

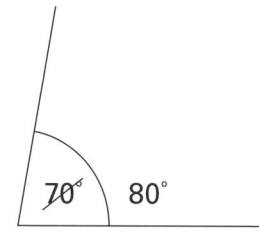

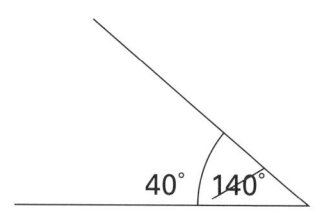

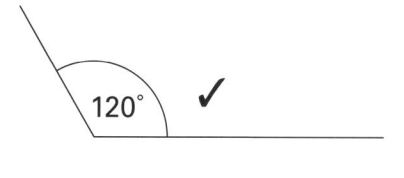

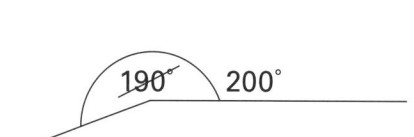

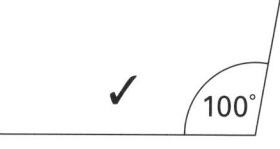

   40° ✓　　　70° 80°　　　40° 140°

   120° ✓　　　190° 200°　　　✓ 100°

3. Ergänze die Konstruktionsanweisungen!
Trage ein!

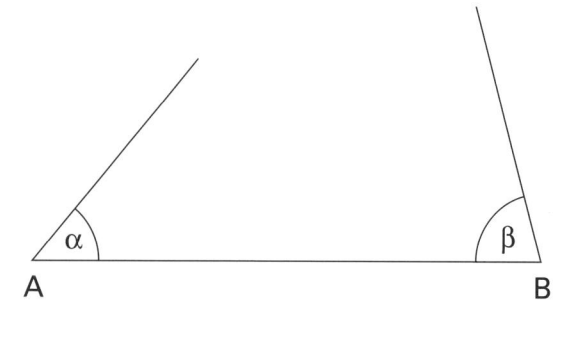

   α　　β　　γ　　δ
   A　　B　　C　　D

   a) in A den Winkel α **mit 50°**

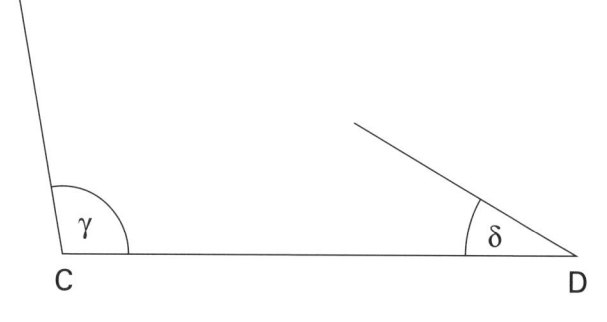

   b) in B den Winkel β **mit 75°**

   c) in **C den Winkel γ mit 100°**

   d) in **D den Winkel δ mit 30°**

Thema: 2. Geometrie 1

Inhalt: 2.5 Winkel zeichnen, Winkel messen

Lösung

4. Schätze die einzelnen Winkelgrößen!

❶ Stundenzeiger ca. 55°

❷ ca. 80°

❸ ca. 10°

❹ Stundenzeiger ca. 180°

❺ 90°

❻ ca. 65°

Thema: 3. Dezimalbrüche	**Name:**
Inhalt: 3.1 Bruch und Dezimalbruch	**Klasse:**

1. In der Darstellung der Brüche sind Fehler enthalten. Stelle richtig!

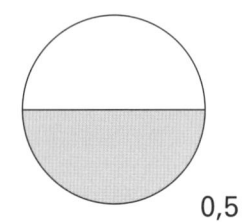

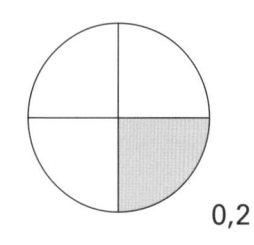

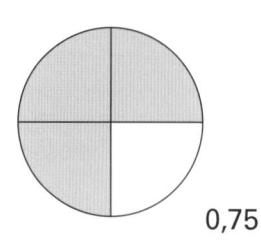

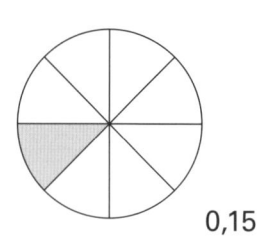

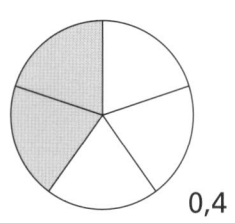

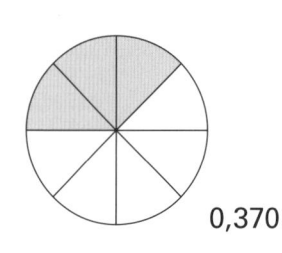

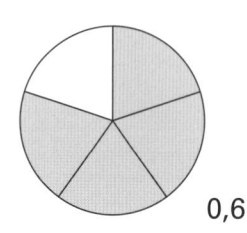

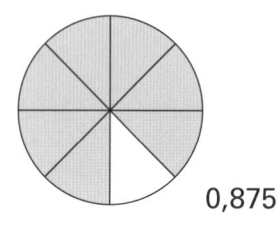

0,5   0,2   0,75   0,15

0,4   0,370   0,6   0,875

2. Kontrolliere die Wege vom Bruch zum Dezimalbruch!

a) $\frac{2}{5} = \frac{40}{100} = 0{,}4$

b) $\frac{18}{20} = \frac{9}{10} = 0{,}9$

c) $\frac{13}{200} = \frac{65}{1000} = 0{,}65$

d) $\frac{91}{700} = \frac{13}{100} = 0{,}13$

e) $\frac{12}{40} = \frac{4}{10} = 0{,}4$

f) $\frac{3}{8} = \frac{375}{100} = 3{,}75$

g) $\frac{42}{75} = \frac{14}{25} = \frac{56}{100} = 0{,}56$

h) $\frac{35}{56} = \frac{5}{8} = \frac{625}{1000} = 0{,}625$

3. Welche Bruchteile sind hier dargestellt?

a) _____   b) _____   c) _____

Thema: 3. Dezimalbrüche	Name:
Inhalt: 3.1 Bruch und Dezimalbruch	Klasse:

4. Gib für die folgenden Größen auch andere Maße an!

        = _____   = _____

a) 0,84 m = _____   b) 7 cm = _____

        = _____   = _____

c) 64 cm^2 = _____   d) 0,4 l = _____

        = _____   = _____

        = _____

5. Ergänze mögliche Zahlen!

a) 1,2 < 1,3 < _____ < 1,5 < _____ < 6

b) 23,08 > _____ > 23,01 > 22,98 > _____ > 21

c) 41,2 < _____ < 41,18 < _____ < 41,04 < 40

d) 0,72 > _____ > 0,62 > _____ > 0,51 > _____

6. Kreuze an, welche Größen in verschiedenen Maßeinheiten von klein nach groß geordnet sind!

☐   0,38 m   4 dm   41 cm   0,5 m

☐   0,245 t   240 kg   201 000 g   0,2 t

☐   20,8 l   20 900 ml   0,3 hl   31 l   35 000 ml

☐   2,9 ha   28 000 m^2 25 a   2,2 ha   1 000 000 dm^2

☐   45 kg   0,05 t   60 000 g   65 kg   0,07 t

☐   6,4 dm   50 cm   490 mm   0,4 m   3,9 dm

7. Welche DIN-Formate sind das? Welche Schulmaterialien haben diese Maße? Nenne je ein Beispiel!

a) 29,7 cm x 42 cm   b) 21 cm x 29,7 cm   c) 14,8 cm x 21 cm

Format: _____   Format: _____   Format: _____

Bsp.: _____   Bsp.: _____   Bsp.: _____

Thema: 3. Dezimalbrüche

Inhalt: 3.1 Bruch und Dezimalbruch

Lösung

1. In der Darstellung der Brüche sind Fehler enthalten. Stelle richtig!

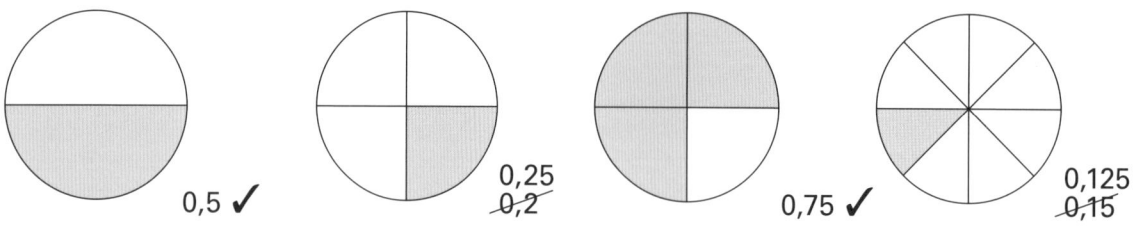

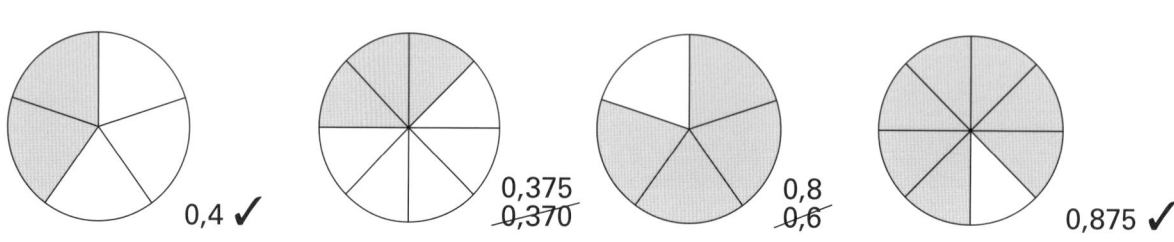

0,5 ✓   0,25 / ~~0,2~~   0,75 ✓   0,125 / ~~0,15~~

0,4 ✓   0,375 / ~~0,370~~   0,8 / ~~0,6~~   0,875 ✓

2. Kontrolliere die Wege vom Bruch zum Dezimalbruch!

a) $\frac{2}{5} = \frac{40}{100} = 0{,}4$ ✓

b) $\frac{18}{20} = \frac{9}{10} = 0{,}9$ ✓

c) $\frac{13}{200} = \frac{65}{1000} = $ ~~0,65~~ **0,065**

d) $\frac{91}{700} = \frac{13}{100} = 0{,}13$ ✓

e) $\frac{12}{40} = \frac{4}{10} = $ ~~0,4~~ $= \frac{3}{10} = $ **0,3**

f) $\frac{3}{8} = \frac{375}{100} = $ ~~3,75~~ $= \frac{375}{1000} = $ **0,375**

g) $\frac{42}{75} = \frac{14}{25} = \frac{56}{100} = 0{,}56$ ✓

h) $\frac{35}{56} = \frac{5}{8} = \frac{625}{1000} = 0{,}625$ ✓

3. Welche Bruchteile sind hier dargestellt?

a) $\frac{3}{5}$

b) $\frac{16}{20} = \frac{8}{10} = \frac{4}{5}$

c) $\frac{6}{10} = \frac{3}{5}$

Thema: 3. Dezimalbrüche

Inhalt: 3.1 Bruch und Dezimalbruch

Lösung

4. Gib für die folgenden Größen auch andere Maße an!

a) 0,84 m = __8,4 dm__
      = __84 cm__
      = __840 mm__

b) 7 cm = __0,7 dm__
        = __0,07 m__
        = __70 mm__

c) 64 cm² = __0,64 dm²__
          = __0,0064 m²__
          = __6400 mm²__

d) 0,4 l = __400 ml__
         = __0,004 hl__

5. Ergänze mögliche Zahlen!

a) 1,2 < 1,3 < __1,4__ < 1,5 < __2,5__ < 6

b) 23,08 > __23,04__ > 23,01 > 22,98 > __22,03__ > 21

c) 41,2 < _____ < 41,18 < _____ < 41,04 < 40 → **falsch!** → >

d) 0,72 > __0,70__ > 0,62 > __0,57__ > 0,51 > __0,40__

6. Kreuze an, welche Größen in verschiedenen Maßeinheiten von klein nach groß geordnet sind!

[X] 0,38 m   4 dm   41 cm   0,5 m
[ ] 0,245 t   240 kg   201 000 g   0,2 t
[X] 20,8 l   20 900 ml   0,3 hl   31 l   35 000 ml
[ ] 2,9 ha   28 000 m²   25 a   2,2 ha   1 000 000 dm²
[X] 45 kg   0,05 t   60 000 g   65 kg   0,07 t
[ ] 6,4 dm   50 cm   490 mm   0,4 m   3,9 dm

7. Welche DIN-Formate sind das? Welche Schulmaterialien haben diese Maße? Nenne je ein Beispiel!

a) 29,7 cm x 42 cm
   Format: __DIN A3__
   Bsp.: __Zeichenblock__

b) 21 cm x 29,7 cm
   Format: __DIN A4__
   Bsp.: __Großes Heft__

c) 14,8 cm x 21 cm
   Format: __DIN A5__
   Bsp.: __Kleines Heft__

Thema:	3. Dezimalbrüche	Name:
Inhalt:	3.2 Dezimalbrüche addieren und subtrahieren	Klasse:

1. Hier haben sich Fehler eingeschlichen. Finde sie!

```
     14,782              641,391                  4,076
      2,649               48,422                858,743
 + 378,084           + 806,094              +  92,788
   ─────────           ─────────               ─────────
    395,515             1495,707                951,597


    864,215              392,378                724,362
  −  89,716            −  74,517              − 358,431
   ─────────           ─────────               ─────────
    774,499              317,761                365,931
```

2. Auf welche Stelle sind die folgenden beiden Dezimalzahlen gerundet?

   3,70852 ≈ 3,7 _____   5,85467 ≈ 6 _____

   3,70852 ≈ 3,71 _____   5,85467 ≈ 5,855 _____

   3,70852 ≈ 4 _____   5,85467 ≈ 5,8547 _____

   3,70852 ≈ 3,709 _____   5,85467 ≈ 5,9 _____

   3,70852 ≈ 3,7085 _____   5,85467 ≈ 5,85 _____

3. Auf welche Einheiten würdest du runden?

   Strecke Augsburg – München: _____   Maximale Belastung einer Brücke: _____

   Länge eines Fußballplatzes: _____   Fläche eines Fußballplatzes: _____

   Breite eines Schrankes: _____   Füllmenge eines Eimers: _____

   Füllmenge einer Babyflasche: _____   Dicke eines Blechs: _____

   Menge des Mehls im Kuchen: _____   Fläche eines Geschenkpapiers: _____

   Bewirtschaftete Fläche eines landwirtschaftlichen Anwesens: _____

   Gewicht eines großen Goldbarrens: _____   Gewicht einer Goldmünze: _____

   Verarbeitete Menge Milch/pro Tag in einem Unternehmen: _____

Thema: 3. Dezimalbrüche	Name:
Inhalt: 3.2 Dezimalbrüche addieren und subtrahieren	Klasse:

4. Erfinde Rechengeschichten!

Yann Arthus-Bertrand zeigt Ihnen die Welt von oben!
Für seine grandiosen Luftaufnahmen reiste Yann Arthus-Bertrand mit seinem Team in über 50 Länder. Es entstanden überwältigende Panoramen unserer Umwelt – vom tropischen Regenwald über die arktische See bis hin zu faszinierenden Großstädten. O.A., 90 Min.
Originalausgabe 14.99
Weltbild Film
DVD
50 42 471   9.99

Home
O.A., Farbe, 90 Minuten.
Früher 22.99
Blu-ray
48 32 538   14.99

Es war einmal … Das Leben
Die informative Reise in das Innere des menschlichen Körpers. Die 26-teilige Zeichentrickserie verdeutlicht komplexe Sachverhalte in einfachen Bildern. O.A., 6 DVDs, zus. 650 Min.
6 DVDs
09 43 263   69.–

Wunderwerk Mensch
Von der Zeugung bis zum Tod: Die fantastische Dokumentation zeigt unseren biologischen Lebenslauf in beeindruckenden Bildern.
O.A., Farbe, 4 DVDs, zus. 364 Min.
4 DVDs
50 41 314   44.95

Jetzt in der preisgünstigen Weltbild-Edition!
Die vielfach preisgekrönte Reihe von Alastair Fothergill nimmt Sie mit an Orte, die Sie nie zuvor gesehen haben, und liefert unglaubliche Eindrücke! Diese Filme sprengen alle bisherigen Grenzen der Naturdokumentationen.
O.A., 6 DVDs, zus. 495 Min.
Originalausgabe 34.95
Weltbild Film
6 DVDs
48 32 671   19.99

Planet Erde – Die komplette Serie
O.A., Farbe, 5 BRDs, zusammen 650 Minuten.
5 Blu-ray Discs
50 41 934   39.99

Die Germanen
Diese Doku erweckt die versunkene Welt der Germanen wieder zum Leben und zeigt, wie sie wirklich lebten, wie sie mit Rom kämpften.
Ab 12 Jahre, 2 DVDs, zus. 200 Min.
2 DVDs
09 09 218   14.99

Hannibal
219 v. Chr.: Nur ein Mann stellt sich Rom in den Weg: Hannibal. Doch es gelingt ihm nicht, das Römische Imperium einzunehmen. Ab 12 J., 90 Min:
Früher 17.99
DVD
09 06 603   7.99

Unsere Erde
…von Alastair Fothergill und Mark Linfield ist die bisher aufwendigste und teuerste Naturdokumentation aller Zeiten!
Ab 6 Jahre, 95 Minuten.
Früher 9.99
DVD
09 50 234   7.99

Wächter der Wüste
Atemberaubende Bilder dokumentieren das aufregende Leben einer Erdmännchen-Familie in der Kalahari-Wüste.
Ab 6 Jahre, F, 80 Min.
Früher 14.99
DVD
48 31 202   9.99

Aussterben war gestern: Prehistoric Park
Der Dinosaurier-Dokutainment-Hit jetzt in der preisgünstigen Weltbild-Edition!
Ab 12 Jahre, 2 DVDs, zus. 300 Minuten.
2 DVDs
48 31 613   9.99

Das Ende von Pompeji
Neueste Computeranimationen rekonstruieren das dramatische Geschehen der Zerstörung Pompejis. Ab 12 Jahre, 60 Min.
Früher 12.99
DVD
09 27 435   7.99

Gods & Generals / Gettysburg
Die beiden erstklassigen Bürgerkriegsepen in einer Box! Gedreht an den Originalschauplätzen! Ab 16 J., 2 DVDs, zus. 454 Min.
Früher 14.99
2 DVDs
09 03 174   9.99

Rom und seine großen Herrscher
Sechsteilige Doku-Reihe über Aufstieg und Fall des Römischen Reiches.
Ab 12 Jahre, Farbe, 3 DVDs, zus. 270 Min.
Früher 22.99
3 DVDs
09 30 184   15.99

Thema: 3. Dezimalbrüche

Inhalt: 3.2 Dezimalbrüche addieren und subtrahieren

Lösung

1. Hier haben sich Fehler eingeschlichen. Finde sie!

```
      14,782              641,391                    4,076
       2,649               48,422                  858,743
   + 378,084            + 806,094                 + 92,788
   ─────────            ─────────                 ─────────
     395,515 ✓           1495,707                  951,597
                              9                     560
                                                    ⁄⁄⁄
     864,215              392,378                  724,362
    - 89,716             - 74,517                 - 358,431
   ─────────            ─────────                 ─────────
     774,499 ✓            317,761                  365,931 ✓
                              8
```

2. Auf welche Stelle sind die folgenden beiden Dezimalzahlen gerundet?

   3,70852 ≈ 3,7 __(Zehntel)__   5,85467 ≈ 6 __(Einer)__

   3,70852 ≈ 3,71 __(Hundertstel)__   5,85467 ≈ 5,855 __(Tausendstel)__

   3,70852 ≈ 4 __(Einer)__   5,85467 ≈ 5,8547 __(Zehntausendstel)__

   3,70852 ≈ 3,709 __(Tausendstel)__   5,85467 ≈ 5,9 __(Zehntel)__

   3,70852 ≈ 3,7085 __(Zehntausendstel)__ 5,85467 ≈ 5,85 __(Hundertstel)__

3. Auf welche Einheiten würdest du runden?

   Strecke Augsburg – München: __km__   Maximale Belastung einer Brücke: __t__

   Länge eines Fußballplatzes: __m__   Fläche eines Fußballplatzes: __m²__

   Breite eines Schrankes: __cm, mm__   Füllmenge eines Eimers: __l__

   Füllmenge einer Babyflasche: __ml__   Dicke eines Blechs: __mm__

   Menge des Mehls im Kuchen: __g__   Fläche eines Geschenkpapiers: __cm²__

   Bewirtschaftete Fläche eines landwirtschaftlichen Anwesens: __ha__

   Gewicht eines großen Goldbarrens: __kg__   Gewicht einer Goldmünze: __g__

   Verarbeitete Menge Milch/pro Tag in einem Unternehmen: __hl, l__

Thema: 3. Dezimalbrüche	Lösung
Inhalt: 3.2 Dezimalbrüche addieren und subtrahieren	

4. Erfinde Rechengeschichten!

❶ Wie teuer sind die gezeigten Blu-ray-Discs zusammen?

14,99 € + 39,99 € = <u>54,98 €</u>

❷ Felix lässt sich die folgenden DVDs schicken:

- Die Germanen
- Pompeji
- Rom

Über welchen Betrag lautet die Rechnung?

14,99 € + 7,99 € + 15,99 € = <u>38,97 €</u>

❸ Frau Sewald lässt sich die DVDs „Wächter der Wüste" und „Hannibal" zusenden.

a) Wie viele Euro hätten diese DVDs früher gekostet?

14,99 € + 17,99 € = <u>32,98 €</u>

b) Was kosten sie nach der Preissenkung?

9,99 € + 7,99 € = <u>17,98 €</u>

c) Wie viele Euro spart sie im Vergleich zu den früheren Preisen?

5 € + 10 € = <u>15 €</u>   oder: 32,98 € – 17,98 € = <u>15 €</u>

❹ Jasmin hat zum Geburtstag einen Gutschein erhalten und darf DVDs bis zu einem Gesamtwert von 70 € kaufen.
Stelle drei verschiedene Möglichkeiten zusammen; wie viel Euro bleiben jeweils übrig?

a) Planet Erde – Die komplette Serie   39,99 €
   Die Germanen   14,99 €
   Aussterben war gestern: Prehistoric Park   <u> 9,99 €</u>
                                                     64,97 €

70,00 € – 64,97 € = <u>5,03 €</u>

b) Es war einmal ... Das Leben   69,00 €
70,00 € – 69,00 € = <u>1,00 €</u>

c) Wunderwerk Mensch   44,95 €
   Home   14,99 €
   Gods & Generals/Gettysburg   <u> 9,99 €</u>
                                                     69,93 €

70,00 € – 69,93 € = <u>0,07 €</u>

Thema: 3. Dezimalbrüche	Name:
Inhalt: 3.3 Dezimalbrüche multiplizieren und dividieren	Klasse:

1. Suche die entsprechenden Zehnerzahlen!

4,25 · _____ = 42,5

4,25 · _____ = 4 250

4,25 · _____ = 425

34,71 · _____ = 34 710

34,71 · _____ = 347,10

34,71 · _____ = 3 471

2. Richtig gerechnet?

```
  4, 2 6 · 5, 2
      2 1 3 0
          8 5 2
            1
      2 2, 1 5 2
```

```
  0, 5 8 · 2 3, 6
          1 1 6
            1 7 4
              3 4 8
                1
          1 3 6, 8 8
```

```
  0, 4 8 · 0, 6 3
              2 8 8
                1 4 4
                  1
          3, 0 2 4
```

3. Schreibe als Dezimalbruch!

$0,48 \cdot \frac{1}{2} = 0,48 \cdot$ _____

$2,26 \cdot \frac{3}{4} = 2,26 \cdot$ _____

$13,58 \cdot \frac{1}{5} = 13,58 \cdot$ _____

$240,07 \cdot \frac{4}{5} = 240,07 \cdot$ _____

$15,3 \cdot \frac{1}{8} = 15,3 \cdot$ _____

$24,1 \cdot \frac{1}{4} = 24,1 \cdot$ _____

$30,4 \cdot \frac{2}{5} = 30,4 \cdot$ _____

$47,8 \cdot \frac{5}{8} = 47,8 \cdot$ _____

4. Formuliere eine passende Aufgabe und rechne!

Frau Müller – Tankstelle – 1,63 €/l – 65 l

_____

_____

5. Ergänze weitere drei Zahlen der Zahlenreihe!

a) 3,2   6,4   12,8   _____

b) 1000   100   10   _____

c) 5   14   _____

Thema: 3. Dezimalbrüche	**Name:**
Inhalt: 3.3 Dezimalbrüche multiplizieren und dividieren	**Klasse:**

6. Suche die entsprechende Zehnerzahl!

483,25 : _____ = 48,325   8 247,5 : _____ = 82,475

483,25 : _____ = 4,8325   8 247,5 : _____ = 8,2475

483,25 : _____ = 0,48325   8 247,5 : _____ = 824,75

7. Richtig gerechnet?

```
 490,68 : 17,4 =
4906,8 : 174 = 282
 34,8
 1426
 13,92
   348
   348
   ---
```

```
175,235 : 34,7 =
1752,35 : 347 = 5,5
1735
  1735
  1735
  ----
```

8. Löse im Kopf!

24 : 6 _____ 24 : 60   22,8 + 8,2 _____ 30,3 · 1

10 : 0,125 _____ 10 · 8   440 · $\frac{1}{5}$ _____ 440 · 0,2

20,5 : 0,5 _____ 80 : 2   14,7 : 0,7 _____ 88 : 4

350 : 0,7 _____ 1000 · $\frac{1}{2}$ 853 : 10 _____ 953 : 10

9. Formuliere eine passende Aufgabe (Division) und rechne: 12,50 €   312,50 €

_____

_____

10. Kreuze die richtige Aufgabenstellung an! (26,5 + 17,9) : 8 · $\frac{3}{4}$ =

☐ Multipliziere die Summe aus 26,5 und 17,9 mit 8 und dividiere dann durch $\frac{3}{4}$.

☐ Dividiere 8 durch die Summe aus 26,5 und 17,9 und multipliziere dann mit $\frac{3}{4}$.

☐ Dividiere die Summe aus 26,5 und 17,9 durch 8 und multipliziere dann mit $\frac{3}{4}$.

☐ Dividiere die Summe aus 26,5 und 17,9 durch 8 und dividiere dann durch $\frac{3}{4}$.

☐ Bilde zunächst die Summe aus 26,5 und 17,9. Dividiere diese anschließend durch 8 und multipliziere das Ergebnis mit $\frac{3}{4}$.

Thema: 3. Dezimalbrüche

Inhalt: 3.3 Dezimalbrüche multiplizieren und dividieren

Lösung

1. Suche die entsprechenden Zehnerzahlen!

   4,25 · __10__ = 42,5   34,71 · __1000__ = 34 710

   4,25 · __1000__ = 4 250   34,71 · __10__ = 347,10

   4,25 · __100__ = 425   34,71 · __100__ = 3 471

2. Richtig gerechnet?

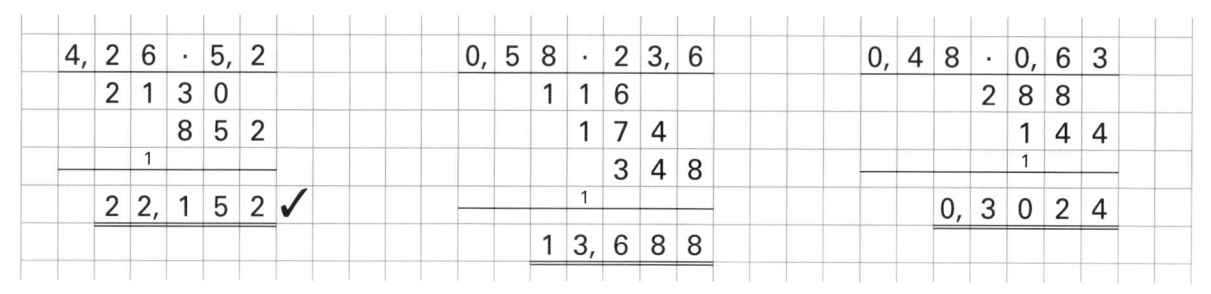

   ```
   4,26 · 5,2
    2130
     852
       1
   22,152 ✓
   ```

   ```
   0,58 · 23,6
     116
     174
     348
       1
   13,688
   ```

   ```
   0,48 · 0,63
     288
     144
       1
   0,3024
   ```

3. Schreibe als Dezimalbruch!

   $0{,}48 \cdot \frac{1}{2} = 0{,}48 \cdot$ __0,5__ $15{,}3 \cdot \frac{1}{8} = 15{,}3 \cdot$ __0,125__

   $2{,}26 \cdot \frac{3}{4} = 2{,}26 \cdot$ __0,75__ $24{,}1 \cdot \frac{1}{4} = 24{,}1 \cdot$ __0,25__

   $13{,}58 \cdot \frac{1}{5} = 13{,}58 \cdot$ __0,2__ $30{,}4 \cdot \frac{2}{5} = 30{,}4 \cdot$ __0,4__

   $240{,}07 \cdot \frac{4}{5} = 240{,}07 \cdot$ __0,8__ $47{,}8 \cdot \frac{5}{8} = 47{,}8 \cdot$ __0,625__

4. Formuliere eine passende Aufgabe und rechne!

   Frau Müller – Tankstelle – 1,63 €/l – 65 l

   Frau Müller will an der Tankstelle ihr Auto volltanken. Der Benzinpreis liegt bei 1,63 €/l; es gehen 65 l in den Tank. Wie teuer ist die Tankfüllung?

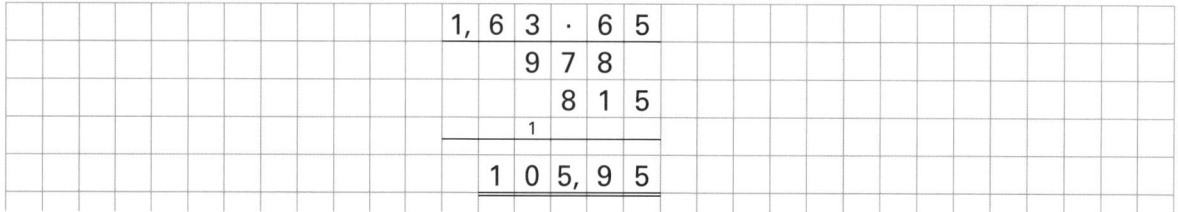

   ```
   1,63 · 65
      978
      815
        1
   105,95
   ```

5. Ergänze weitere drei Zahlen der Zahlenreihe!

   a) 3,2   6,4   12,8   **25,6**   **51,2**   **102,4**   (· 2)

   b) 1000   100   10   **1**   **0,1**   **0,01**   (· 0,1 oder : 10)

   c) 5   14   **39,2**   **109,76**   **307,328**   (· 2,8)

Thema: 3. Dezimalbrüche

Inhalt: 3.3 Dezimalbrüche multiplizieren und dividieren

Lösung

6. Suche die entsprechende Zehnerzahl!

   483,25 : __10__ = 48,325   8 247,5 : __100__ = 82,475

   483,25 : __100__ = 4,8325   8 247,5 : __1 000__ = 8,2475

   483,25 : __1 000__ = 0,48325   8 247,5 : __10__ = 824,75

7. Richtig gerechnet?

   ```
   490,68 : 17,4 =                    175,235 : 34,7 =
                      ~~28,2~~                          ~~5,05~~
   4906,8 : 174 = ~~282~~             1752,35 : 347 = 5,5
   34,8                               173,5
   1426                               1735
   13,92                              1735
     348                              – – – –
     348
     – – –
   ```

8. Löse im Kopf!

   24 : 6 __>__ 24 : 60   22,8 + 8,2 __>__ 30,3 · 1

   10 : 0,125 __=__ 10 · 8   440 · $\frac{1}{5}$ __=__ 440 · 0,2

   20,5 : 0,5 __>__ 80 : 2   14,7 : 0,7 __<__ 88 : 4

   350 : 0,7 __=__ 1000 · $\frac{1}{2}$ 853 : 10 __<__ 953 : 10

9. Formuliere eine passende Aufgabe (Division) und rechne: 12,50 €   312,50 €

   Für einen Klassenausflug werden 312,50 € eingesammelt; der Ausflug kostet

   jeden Schüler 12,50 €. Wie viele Schüler nehmen an dem Ausflug teil?

10. Kreuze die richtige Aufgabenstellung an! (26,5 + 17,9) : 8 · $\frac{3}{4}$ =

    ☐ Multipliziere die Summe aus 26,5 und 17,9 mit 8 und dividiere dann durch $\frac{3}{4}$.

    ☐ Dividiere 8 durch die Summe aus 26,5 und 17,9 und multipliziere dann mit $\frac{3}{4}$.

    ☒ Dividiere die Summe aus 26,5 und 17,9 durch 8 und multipliziere dann mit $\frac{3}{4}$.

    ☐ Dividiere die Summe aus 26,5 und 17,9 durch 8 und dividiere dann durch $\frac{3}{4}$.

    ☒ Bilde zunächst die Summe aus 26,5 und 17,9. Dividiere diese anschließend durch 8 und multipliziere das Ergebnis mit $\frac{3}{4}$.

Thema: 4. Geometrie 2	**Name:**
Inhalt: 4.1 Geometrische Körper; Ansichten v. Körpern	**Klasse:**

1. Kreuze die richtigen Aussagen zu den Begrenzungsflächen von Körpern an!

   a) ☐ **Quader**   4 Rechtecke, 2 Quadrate, 8 Ecken, 12 Kanten

   b) ☐ **Prisma**   1 Dreieck, 3 Rechtecke, 6 Ecken, 9 Kanten

   c) ☐ **Kugel**   1 Fläche, keine Ecke, keine Kanten

   d) ☐ **Pyramide**   1 Quadrat, 4 Dreiecke, 4 Ecken, 8 Kanten

   e) ☐ **Würfel**   6 Quadrate, 8 Ecken, 12 Kanten

   f) ☐ **Zylinder**   2 Kreise, 1 Rechteck, 2 Kanten

   g) ☐ **Kegel**   1 Kreis, 1 Rechteck, 1 Kante

2. Welche geometrischen Körper kannst du hier erkennen?

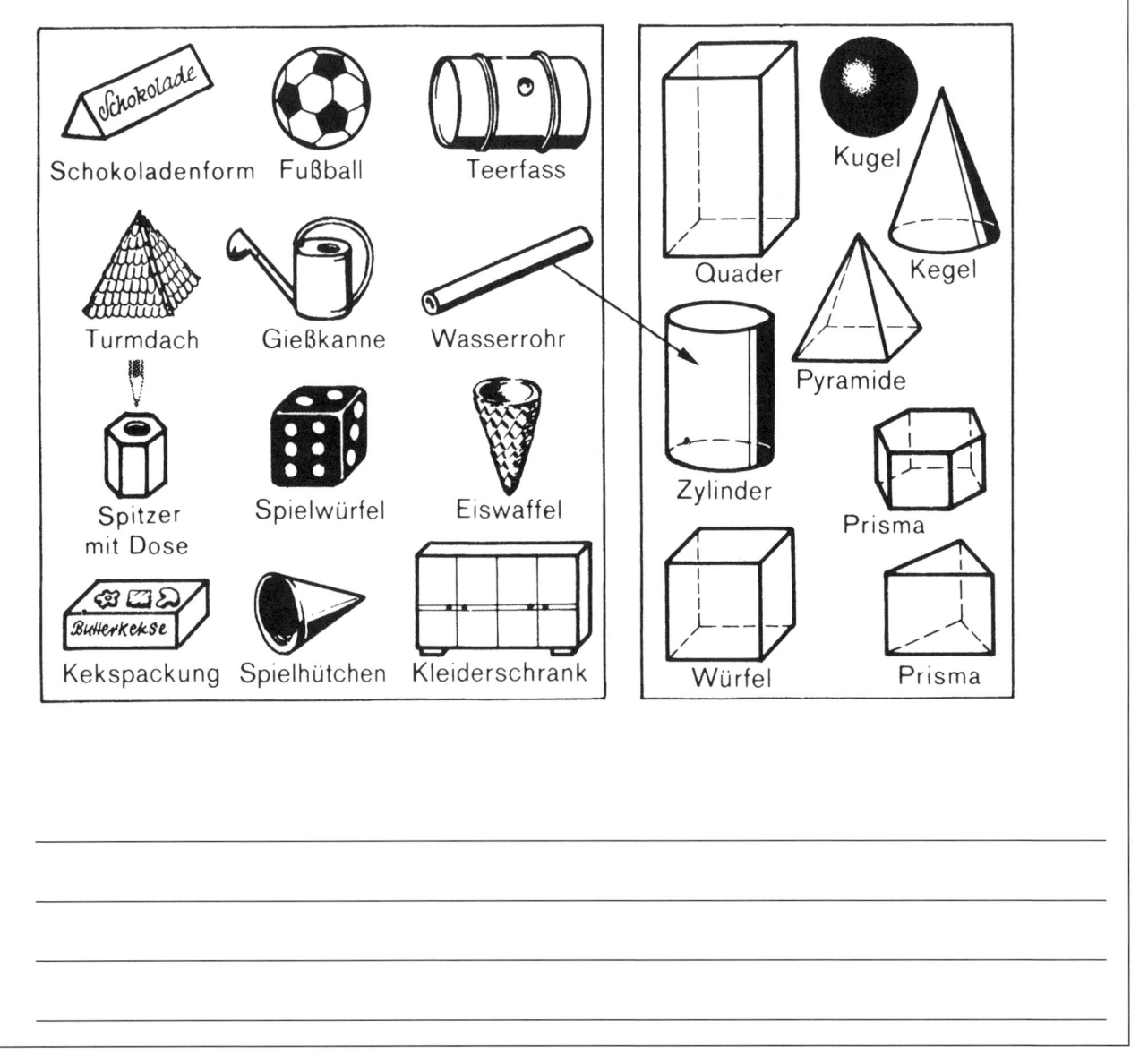

_____

_____

_____

_____

Thema: 4. Geometrie 2	Name:
Inhalt: 4.1 Geometrische Körper; Ansichten v. Körpern	Klasse:

3. Welche Körper gehören zusammen? Nenne die Nummern mit den Namen!

1   2   3   4   5   6   7

Zusammen gehören:

a) _____   _____

_____

Sie haben _____ Grund- und Deckflächen.

b) _____   _____

Sie haben nur _____ Grundfläche (Standfläche).

4. Welche Ansicht ist dargestellt?

5. Verschiedene mögliche Ansichten. Welche Körper könnten es sein?

▭ _____

◯ _____

△ _____

▢ _____

Thema: 4. Geometrie 2

Inhalt: 4.1 Geometrische Körper; Ansichten v. Körpern

Lösung

1. Kreuze die richtigen Aussagen zu den Begrenzungsflächen von Körpern an!

   a) [X] **Quader** — 4 Rechtecke, 2 Quadrate, 8 Ecken, 12 Kanten

   b) [ ] **Prisma** — 1 Dreieck, 3 Rechtecke, 6 Ecken, 9 Kanten __(2 Dreiecke)__

   c) [X] **Kugel** — 1 Fläche, keine Ecke, keine Kanten

   d) [ ] **Pyramide** — 1 Quadrat, 4 Dreiecke, 4 Ecken, 8 Kanten __(5 Ecken)__

   e) [X] **Würfel** — 6 Quadrate, 8 Ecken, 12 Kanten

   f) [X] **Zylinder** — 2 Kreise, 1 Rechteck, 2 Kanten

   g) [ ] **Kegel** — 1 Kreis, 1 Rechteck, 1 Kante __(1 Kreisausschnitt)__

2. Welche geometrischen Körper kannst du hier erkennen?

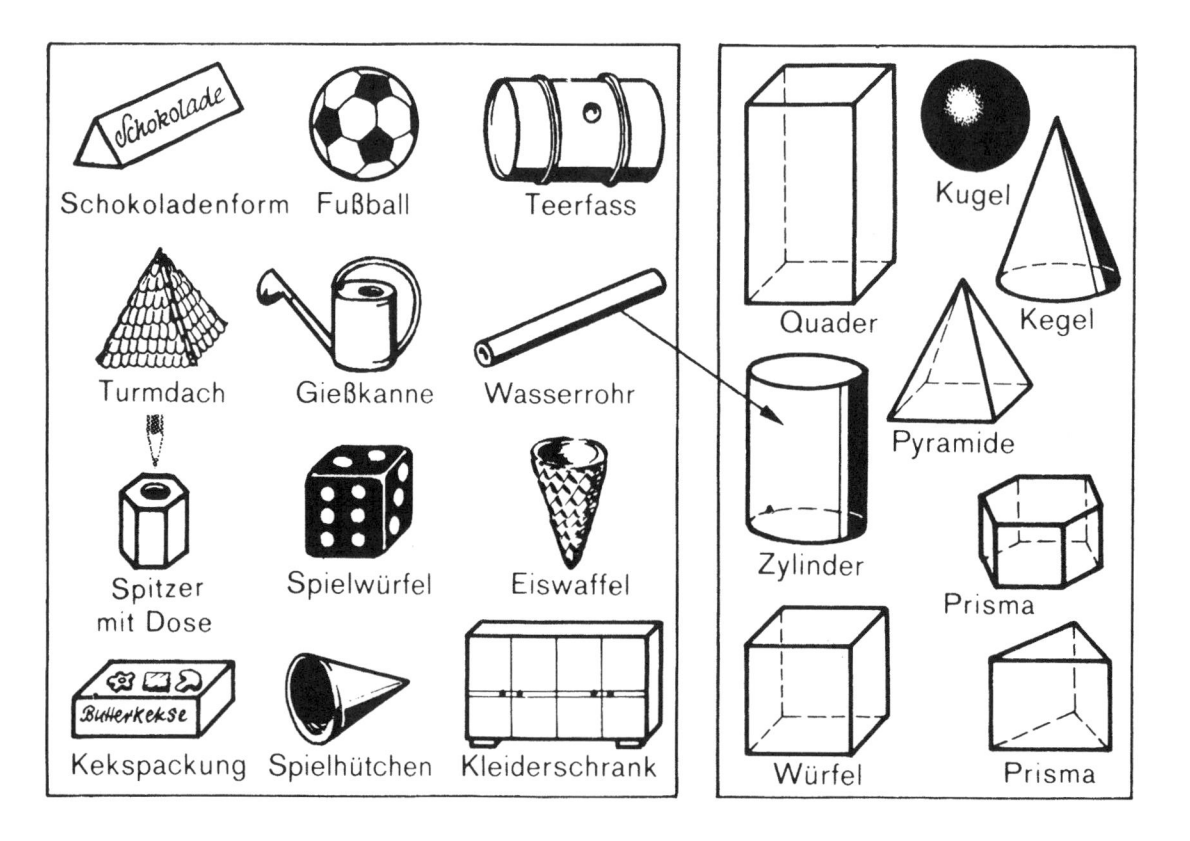

   Schokoladenform, Fußball, Teerfass, Turmdach, Gießkanne, Wasserrohr, Spitzer mit Dose, Spielwürfel, Eiswaffel, Kekspackung, Spielhütchen, Kleiderschrank

   Kugel, Quader, Kegel, Zylinder, Pyramide, Prisma, Würfel, Prisma

   Schokoladenform = Prisma; Fußball = Kugel; Teerfass = Zylinder

   Turmdach = Pyramide; Gießkanne = Zylinder; Wasserrohr = Zylinder

   Spitzer mit Dose = Prisma; Spielwürfel = Würfel; Eiswaffel = Kegel;

   Kekspackung = Quader; Spielhütchen = Kegel; Kleiderschrank = Quader

Thema: 4. Geometrie 2

Inhalt: 4.1 Geometrische Körper; Ansichten v. Körpern

Lösung

3. Welche Körper gehören zusammen? Nenne die Nummern mit den Namen!

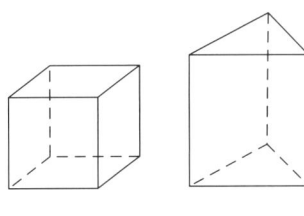

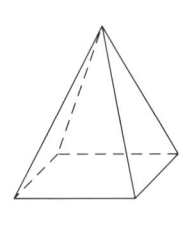

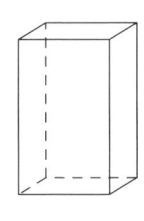

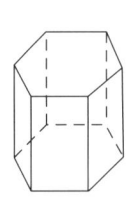

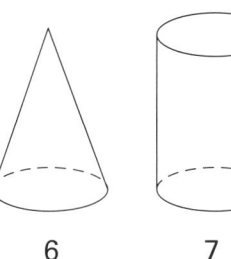

1   2   3   4   5   6   7

Zusammen gehören:

a) **Gerade Prismen:** __Nr. 1 (Würfel), Nr. 2 (Prisma), Nr. 4 (Rechtecksäule),__

__Nr. 5 (Sechsecksäule), Nr. 7 (Zylinder, Rundsäule)__

Sie haben __deckungsgleiche__ Grund- und Deckflächen.

b) **Spitze Körper** __Nr. 3 (Pyramide), Nr. 6 (Kegel)__

Sie haben nur __eine__ Grundfläche (Standfläche).

4. Welche Ansicht ist dargestellt?

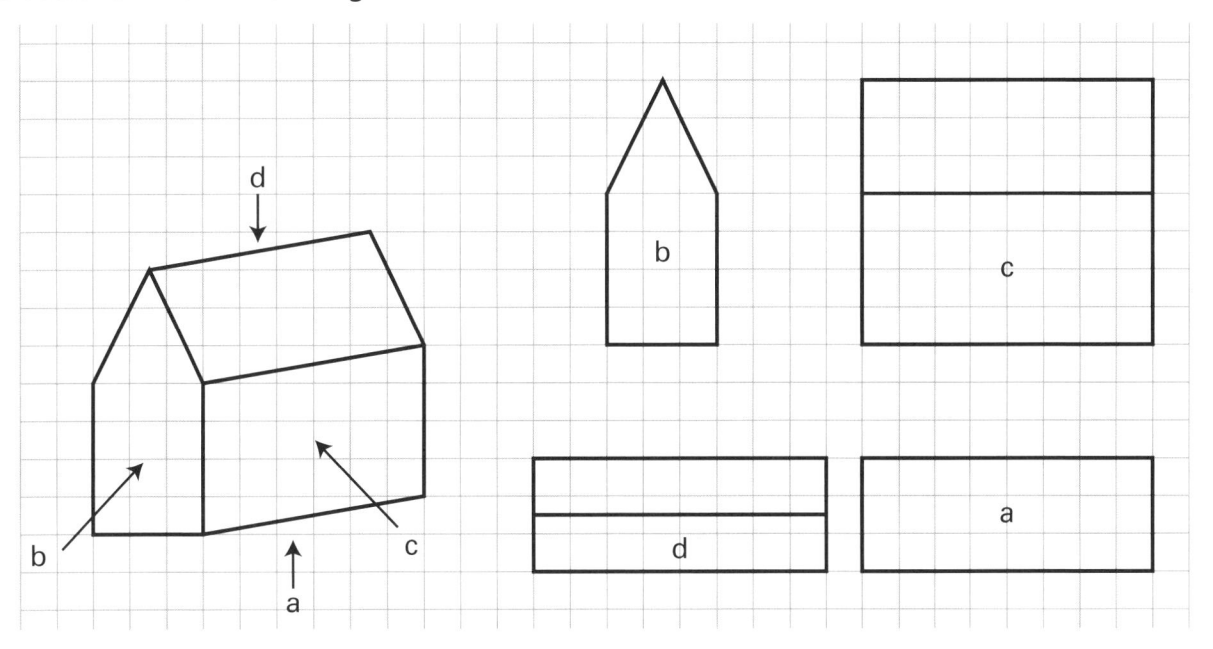

5. Verschiedene mögliche Ansichten. Welche Körper könnten es sein?

☐ __Quader von oben, von unten, von vorne, von hinten; Zylinder von der Seite__

◯ __Kugel, Zylinder von oben und von unten__

△ __Pyramide von der Seite, Kegel von der Seite__

☐ __Würfel von allen Seiten, Quadratsäulen von oben und unten, Pyramide von unten__

Thema: 4. Geometrie 2

Name:

Inhalt: 4.2 Schrägbilder; Körpernetze

Klasse:

1. Benenne die Körper und gib aufgrund der Schrägbildzeichnungen die Maße an!

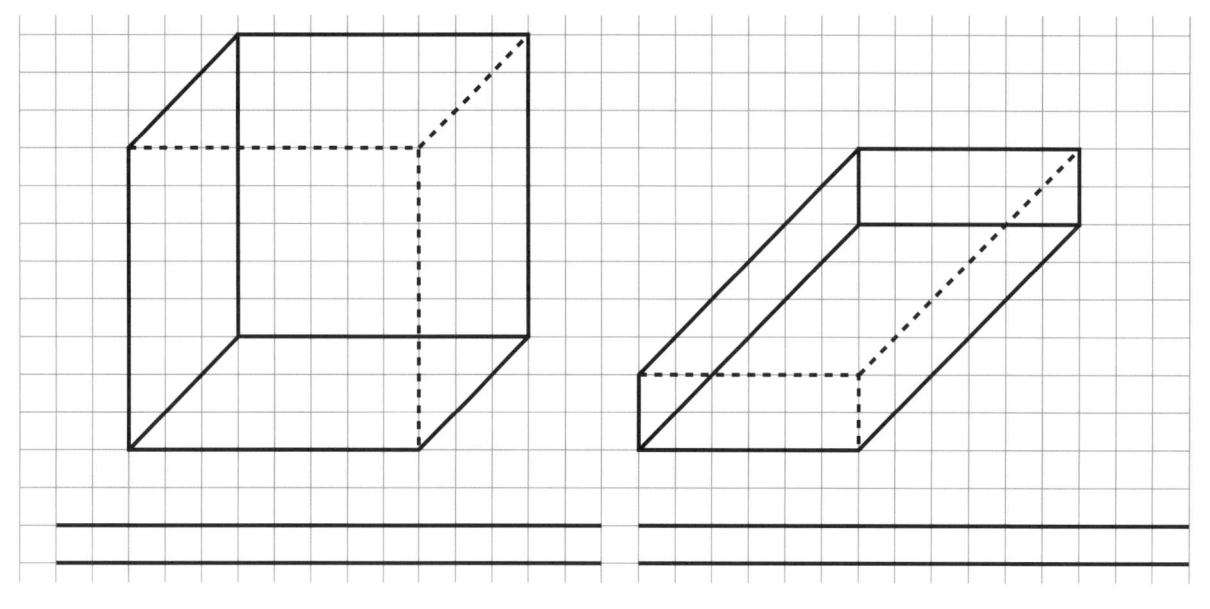

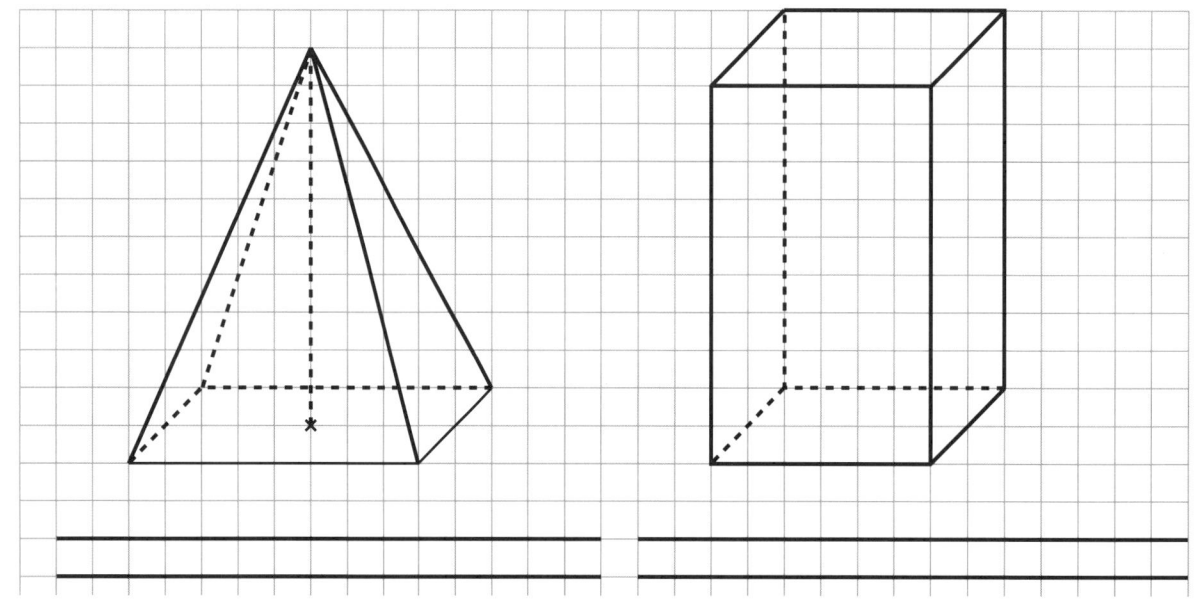

2. Diese Netze ergeben welche Körper?

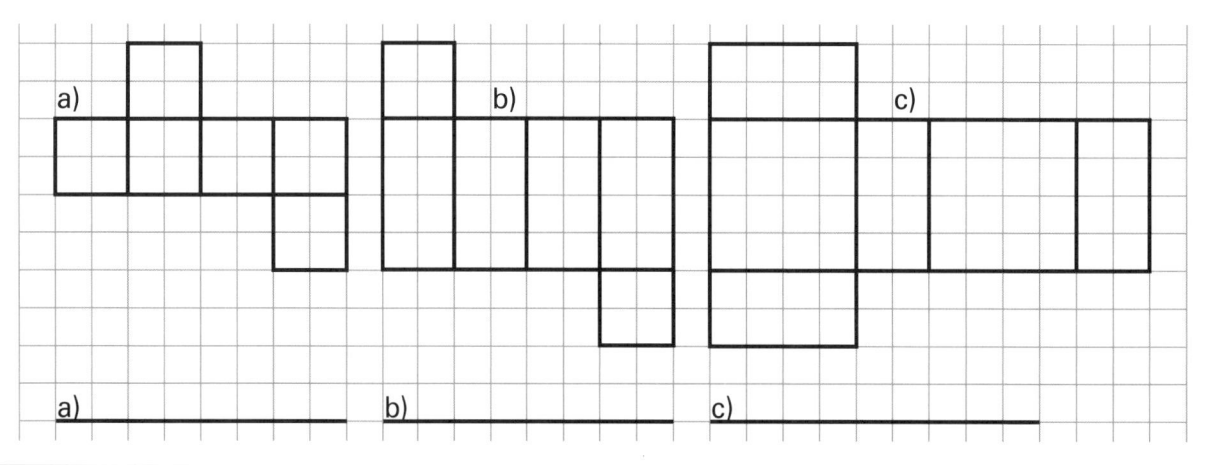

a)   b)   c)

a) _____ b) _____ c) _____

Thema: 4. Geometrie 2	**Name:**
Inhalt: 4.2 Schrägbilder; Körpernetze	**Klasse:**

3. Ergänze zu einem vollständigen Netz!

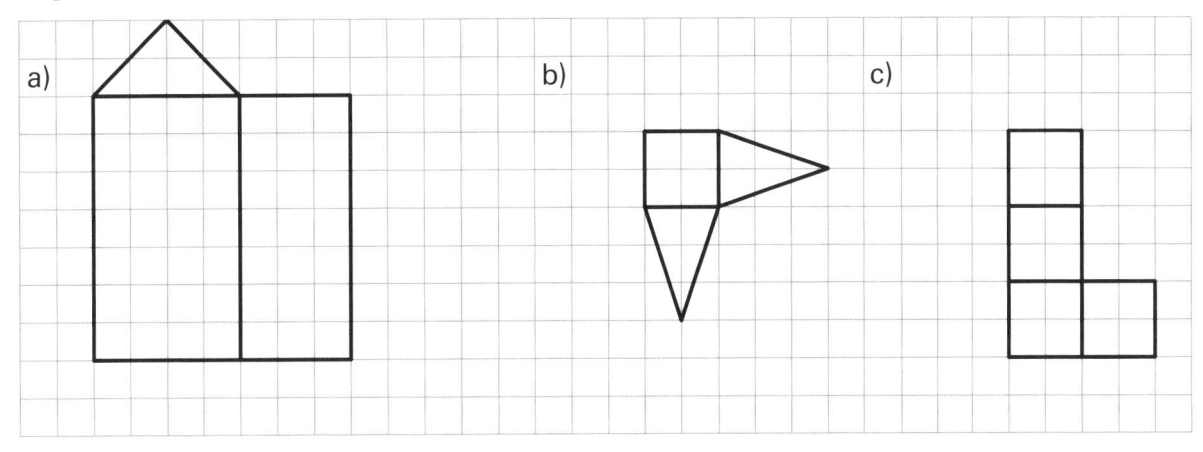

a)   b)   c)

4. Welche Körpernetze sind hier dargestellt? Benenne die entstehenden Körper!

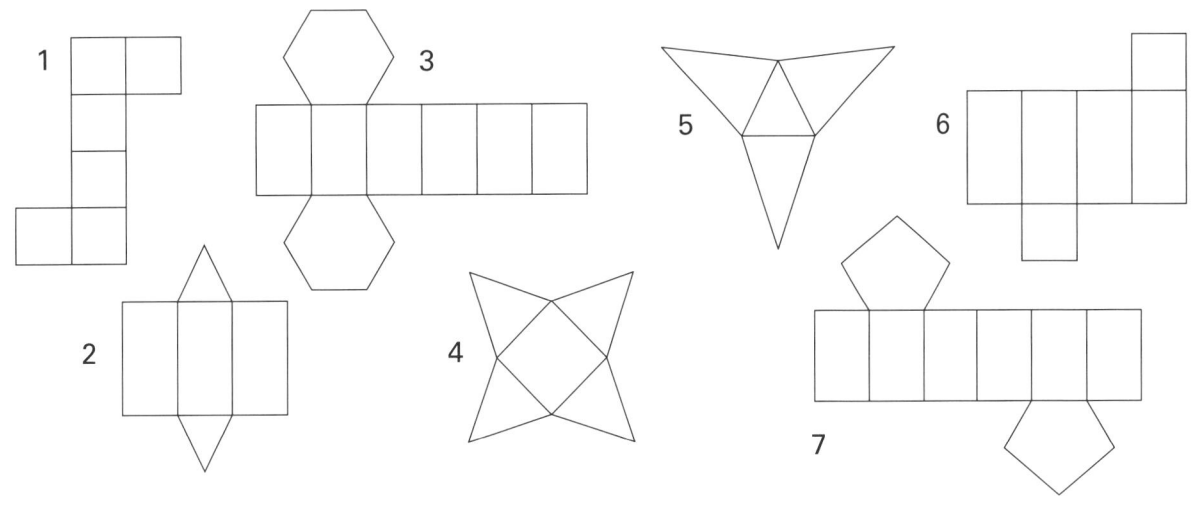

1 – _____   2 – _____   3 – _____

4 – _____   5 – _____

6 – _____   7 – _____

5. Die untere Hälfte des Würfels ist schwarz. Übertrage auf das nebenstehende Netz!

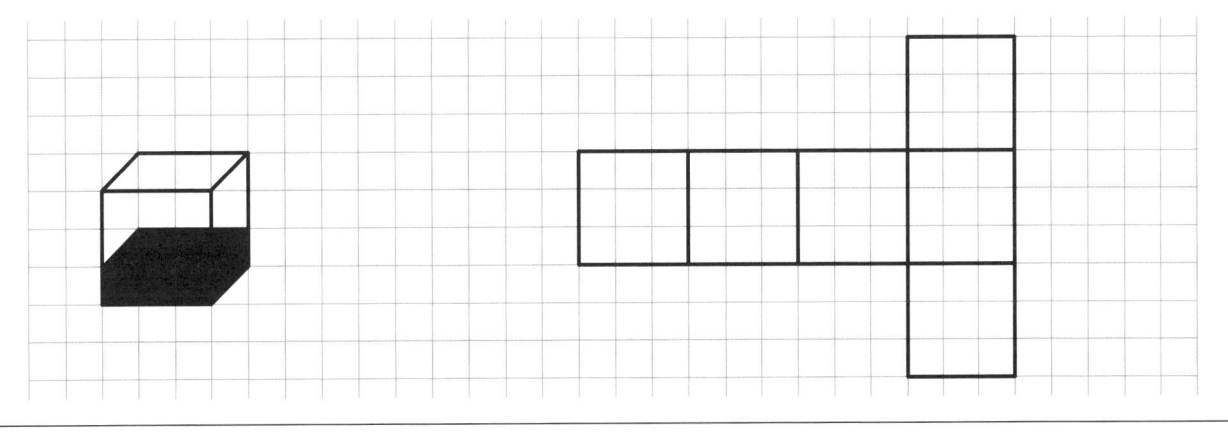

Thema: 4. Geometrie 2

Inhalt: 4.2 Schrägbilder; Körpernetze

Lösung

1. Benenne die Körper und gib aufgrund der Schrägbildzeichnungen die Maße an!

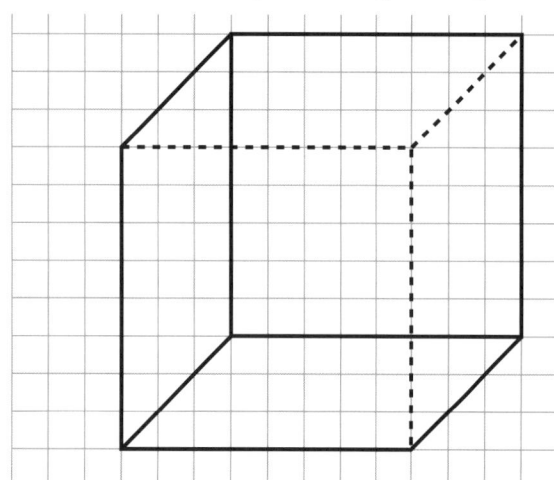

Würfel: Breite, Länge und Höhe = 4 cm

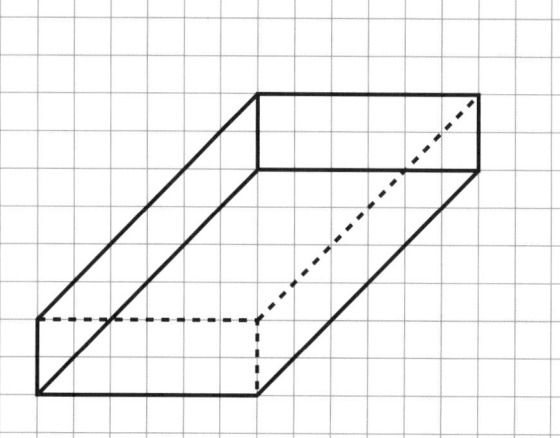

Quader: Breite = 3 cm, Länge = 8 cm und Höhe = 1 cm

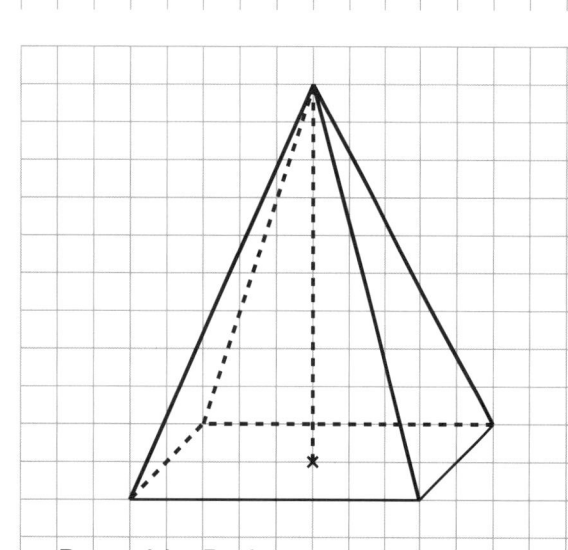

Pyramide: Breite = 4 cm, Länge = 3 m und Höhe = 5 cm

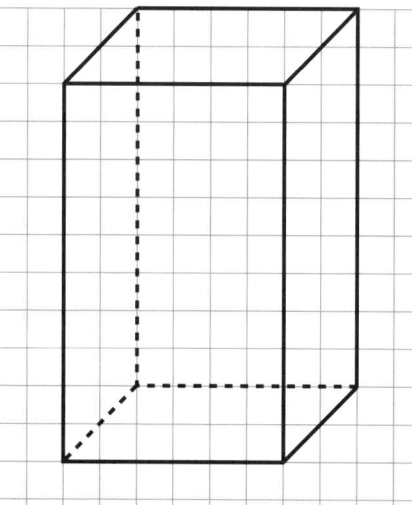

Quadratsäule: Breite und Länge = 3 cm, Höhe = 5 cm

2. Diese Netze ergeben welche Körper?

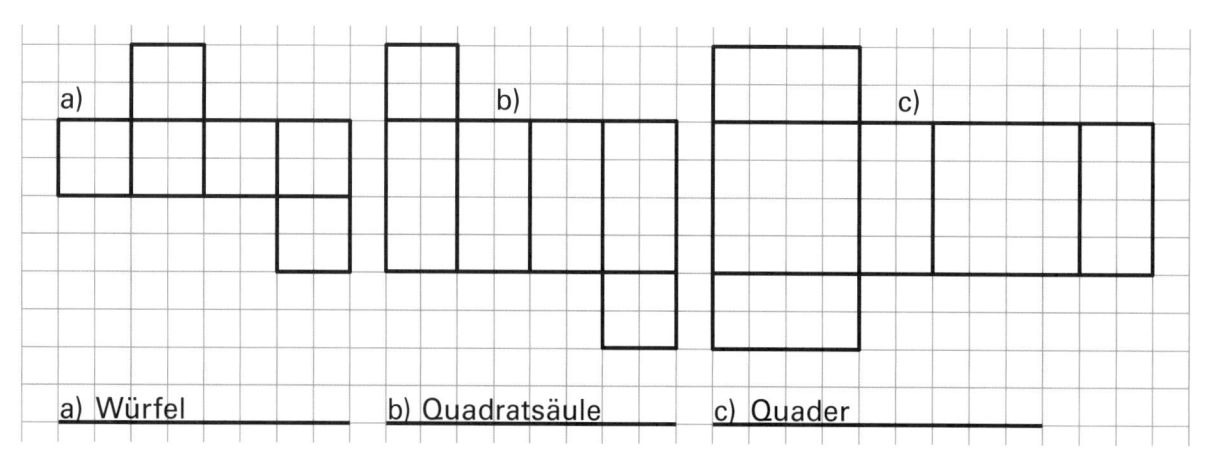

a) Würfel   b) Quadratsäule   c) Quader

Thema: 4. Geometrie 2

Inhalt: 4.2 Schrägbilder; Körpernetze

Lösung

3. Ergänze zu einem vollständigen Netz!

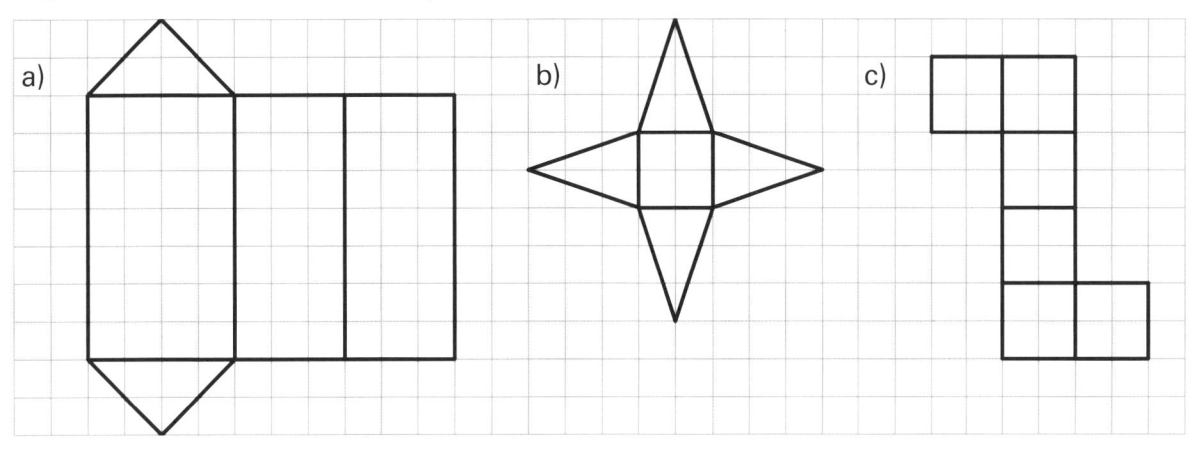

a)   b)   c)

4. Welche Körpernetze sind hier dargestellt? Benenne die entstehenden Körper!

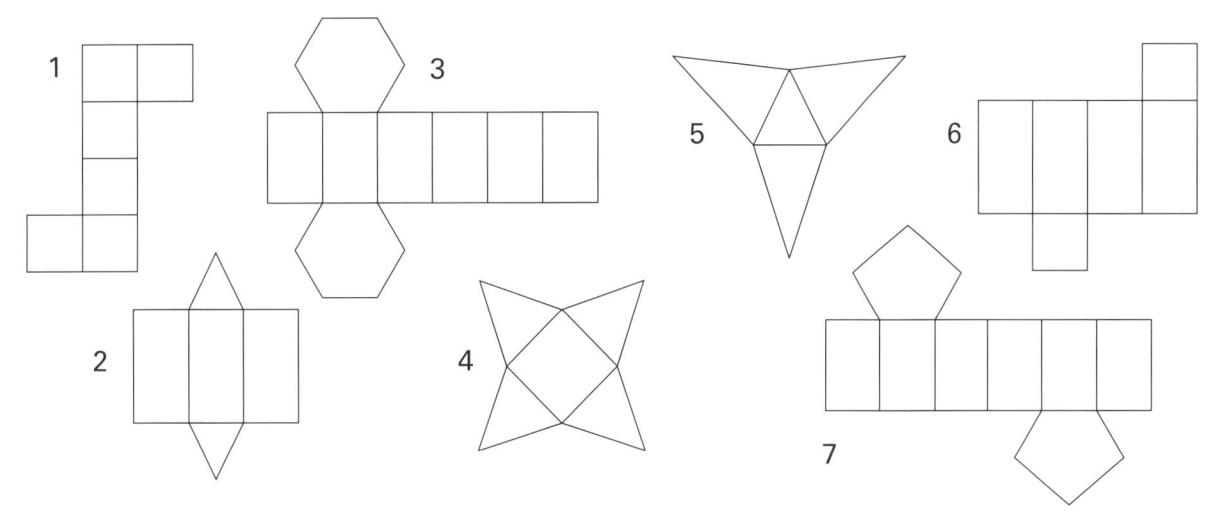

1 – **Würfel** 2 – **Prisma** 3 – **Sechsecksäule**

4 – **quadratische Pyramide** 5 – **Dreieckspyramide**

6 – **Quader** 7 – **Fünfecksäule**

5. Die untere Hälfte des Würfels ist schwarz. Übertrage auf das nebenstehende Netz!

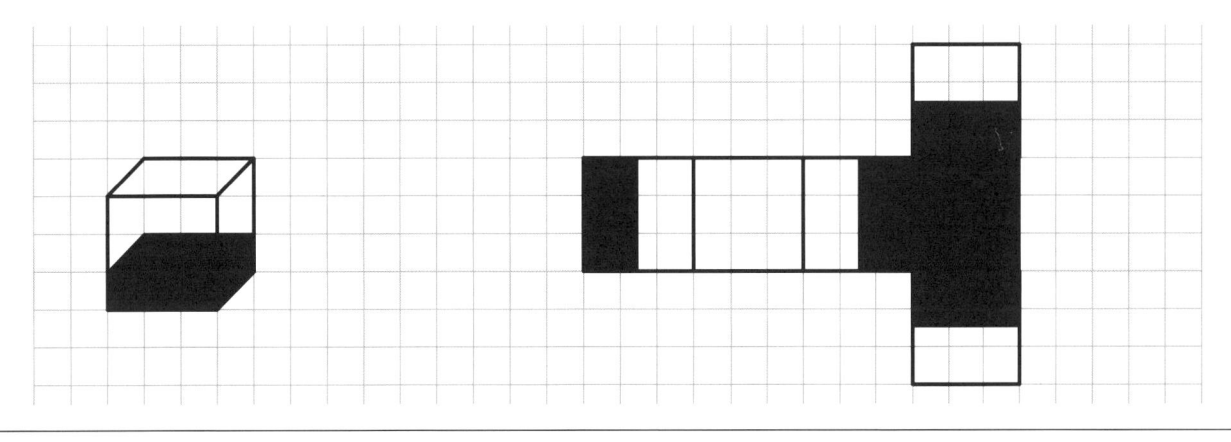

Thema: 4. Geometrie 2	Name:
Inhalt: 4.3 Oberflächen von Quader und Würfel	Klasse:

1. Ergänze folgende Satzanfänge!

   a) Wenn ich die Oberfläche eines Würfels berechne, berechne ich _____
   _____

   b) Wenn ich die Oberfläche eines Quaders berechne, berechne ich _____
   _____

2. Ein Holzwürfel wird parallel zu einer Fläche durchsägt. Welche Körper entstehen? Bleibt dabei die Oberfläche gleich, wird sie kleiner oder größer?

   _____
   _____
   _____
   _____

3. Kreuze die richtigen Aussagen über den abgebildeten Würfel an!

   ☐ Die Kanten AD und CD stehen senkrecht zueinander.

   ☐ Die Kanten EF und CD sind parallel zueinander.

   ☐ Die Kanten EH und BC stehen senkrecht aufeinander.

   ☐ Die Flächen ADHE und BCGF verlaufen parallel zueinander.

4. Ein Würfel hat eine Kantenlänge von 2 cm. Die Kantenlänge wird nun verdoppelt. Kreuze die richtigen Aussagen an!

   ☐ Die ursprüngliche Fläche beträgt 12 cm².

   ☐ Die ursprüngliche Fläche beträgt 24 cm².

   ☐ Die neue Fläche ist doppelt so groß.

   ☐ Die neue Fläche ist viermal so groß.

   ☐ Eine Seite ist doppelt so lang.

   ☐ Eine Seite ist viermal so lang.

Thema: 4. Geometrie 2	Name:
Inhalt: 4.3 Oberflächen von Quader und Würfel	Klasse:

5. Eine Firma bestellt 20 Flüssigkeitsbehälter. Wie sieht der Behälter aus, wenn folgende Berechnung zur Oberfläche der 20 Behälter gilt?

$A = (a \cdot b \cdot 2 + a \cdot b \cdot 2 + a \cdot b) \cdot 20$

$A = (4\,dm \cdot 2\,dm \cdot 2 + 6\,dm \cdot 2\,dm \cdot 2 + 4\,dm \cdot 6\,dm) \cdot 20$

$A = (16\,dm^2 \quad + \quad 24\,dm^2 \quad + \quad 24\,dm^2) \cdot 20$

$A = \quad\quad\quad\quad 64\,dm^2 \quad\quad\quad\quad \cdot 20$

$A = \quad\quad\quad\quad\quad 1280\,dm^2$

Kennzeichen: _____

_____

_____

6. Aus einem Quader wurde ein kleiner Quader herausgefräst. Kreuze die richtigen Aussagen an!

☐ Trotz des Herausfräsens bleibt die Oberfläche unverändert.

☐ Durch das Herausfräsen kommen noch weitere zwei Flächen hinzu.

☐ Durch das Herausfräsen kommt noch eine weitere Fläche hinzu.

☐ Wenn ich aus einem Quader etwas herausfräse, wird die Fläche immer kleiner.

☐ Wenn ich aus einem Quader etwas herausfräse, wird die Fläche immer größer.

☐ Die gesamte Oberfläche besteht aus 8 Einzelflächen.

☐ Die gesamte Oberfläche besteht aus 10 Einzelflächen.

☐ Die gesamte Oberfläche besteht aus 12 Einzelflächen.

☐ Ich muss mindestens vier Flächen neu berechnen.

☐ Ich muss mindestens zwei Flächen neu berechnen.

☐ Ich muss nur eine Fläche neu berechnen.

☐ Es gibt insgesamt 3 · 2 gleich große Flächen.

☐ Es gibt insgesamt 4 · 2 gleich große Flächen.

Thema:	4. Geometrie 2	Lösung
Inhalt:	4.3 Oberflächen von Quader und Würfel	

1. *Ergänze folgende Satzanfänge!*

   a) Wenn ich die Oberfläche eines Würfels berechne, berechne ich __die Größe eines Quadrats und multipliziere diesen Wert mit 6.__

   b) Wenn ich die Oberfläche eines Quaders berechne, berechne ich __drei verschiedene Rechtecke, die ich jeweils mit 2 multipliziere.__

2. *Ein Holzwürfel wird parallel zu einer Fläche durchsägt. Welche Körper entstehen? Bleibt dabei die Oberfläche gleich, wird sie kleiner oder größer?*

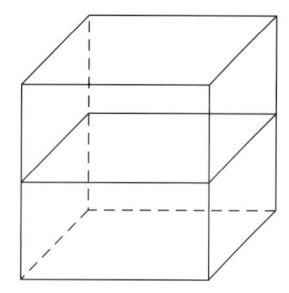

   __Es entstehen zwei Quader.__
   __Die Oberfläche wird insgesamt__
   __größer, weil zwei Rechtecke__
   __dazukommen.__

3. *Kreuze die richtigen Aussagen über den abgebildeten Würfel an!*

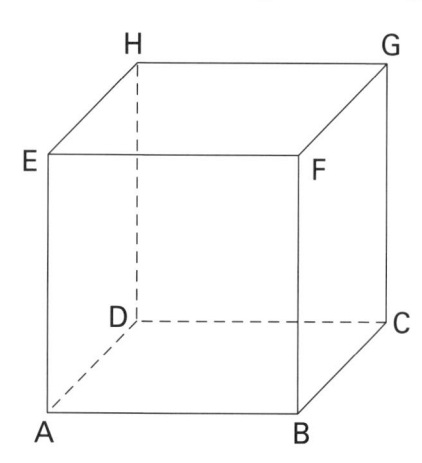

   [X] Die Kanten AD und CD stehen senkrecht zueinander.

   [X] Die Kanten EF und CD sind parallel zueinander.

   [ ] Die Kanten EH und BC stehen senkrecht aufeinander.

   [X] Die Flächen ADHE und BCGF verlaufen parallel zueinander.

4. *Ein Würfel hat eine Kantenlänge von 2 cm. Die Kantenlänge wird nun verdoppelt. Kreuze die richtigen Aussagen an!*

   [ ] Die ursprüngliche Fläche beträgt 12 cm².

   [X] Die ursprüngliche Fläche beträgt 24 cm².

   [ ] Die neue Fläche ist doppelt so groß.

   [X] Die neue Fläche ist viermal so groß.

   [X] Eine Seite ist doppelt so lang.

   [ ] Eine Seite ist viermal so lang.

Thema: 4. Geometrie 2

Inhalt: 4.3 Oberflächen von Quader und Würfel

Lösung

5. Eine Firma bestellt 20 Flüssigkeitsbehälter. Wie sieht der Behälter aus, wenn folgende Berechnung zur Oberfläche der 20 Behälter gilt?

$A = (a \cdot b \cdot 2 + a \cdot b \cdot 2 + a \cdot b) \cdot 20$

$A = (4\,dm \cdot 2\,dm \cdot 2 + 6\,dm \cdot 2\,dm \cdot 2 + 4\,dm \cdot 6\,dm) \cdot 20$

$A = (16\,dm^2 \quad + \quad 24\,dm^2 \quad + \quad 24\,dm^2) \cdot 20$

$A = \quad\quad\quad\quad 64\,dm^2 \quad\quad\quad\quad \cdot 20$

$A = \quad\quad\quad\quad\quad 1280\,dm^2$

Kennzeichen: **Quaderförmiger Behälter, Vorder- und Rückseite 4 dm · 2 dm, die beiden Seiten jeweils 6 dm · 2 dm, der Boden 6 dm · 4 dm, oben offen.**

6. Aus einem Quader wurde ein kleiner Quader herausgefräst. Kreuze die richtigen Aussagen an!

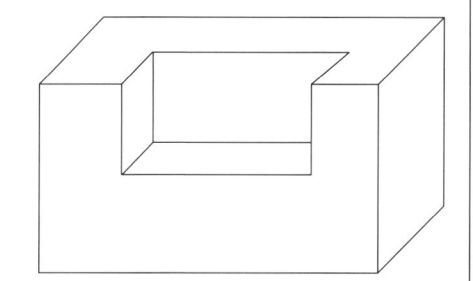

- [ ] Trotz des Herausfräsens bleibt die Oberfläche unverändert.
- [x] Durch das Herausfräsen kommen noch weitere zwei Flächen hinzu.
- [ ] Durch das Herausfräsen kommt noch eine weitere Fläche hinzu.
- [ ] Wenn ich aus einem Quader etwas herausfräse, wird die Fläche immer kleiner.
- [x] Wenn ich aus einem Quader etwas herausfräse, wird die Fläche immer größer.
- [ ] Die gesamte Oberfläche besteht aus 8 Einzelflächen.
- [x] Die gesamte Oberfläche besteht aus 10 Einzelflächen.
- [ ] Die gesamte Oberfläche besteht aus 12 Einzelflächen.
- [ ] Ich muss mindestens vier Flächen neu berechnen.
- [ ] Ich muss mindestens zwei Flächen neu berechnen.
- [x] Ich muss nur eine Fläche neu berechnen.
- [ ] Es gibt insgesamt 3 · 2 gleich große Flächen.
- [x] Es gibt insgesamt 4 · 2 gleich große Flächen.

Thema: 4. Geometrie 2	Name:
Inhalt: 4.4 Rauminhalte von Quadern; Raummaße	Klasse:

1. Die Würfel sind fest verklebt. Wie viele Würfel fehlen, damit ein kompletter Quader entsteht?

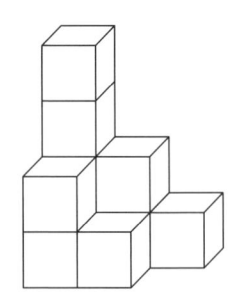

   Es fehlen _____ Würfel.

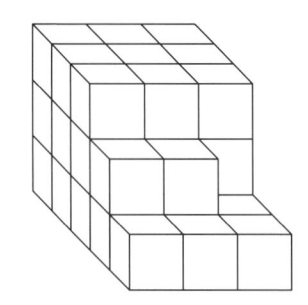

   Es fehlen _____ Würfel.

2. Aus mehreren Zentimeterwürfeln kann man auch größere Würfel zusammensetzen.
   Überlege, wie viele Würfel du verwenden musst, um Würfel verschiedener Größe zu bauen! Kreise die richtigen Zahlen ein!

   4 – 6 – 8 – 10 – 15 – 20 – 27 – 36 – 40 – 49

   – 64 – 80 – 97 – 100 – 125 – 140 – 200 – 216 – 230

3. Ergänze die fehlen Zahlen!

   $1\ m^3$ = _____ dm^3 = $1\,000\,000\ cm^3$ = _____ mm^3

   $1\ dm^3$ = _____ cm^3 = _____ mm^3

   $1\ cm^3$ = _____ mm^3

   $1\ dm^3$ = _____ l   1 l = _____ ml   1 hl = _____ l

4. Gib alle möglichen Zahlenkombinationen (ganze Zahlen) für die Seiten a und b an; ergänze die Zahlen für Höhe und Volumen der Körper!

Seite a	Seite b	Grundfläche	Höhe	Volumen
6 cm	4 cm	$24\ cm^2$	15 cm	$360\ cm^3$
		$24\ cm^2$	15 cm	$360\ cm^3$
		$24\ cm^2$	15 cm	$360\ cm^3$
		$24\ cm^2$	15 cm	$360\ cm^3$
		$24\ cm^2$	20 cm	
		$24\ cm^2$		$600\ cm^3$
		$24\ cm^2$	30 cm	
		$24\ cm^2$		$960\ cm^3$

Thema: 4. Geometrie 2	Name:
Inhalt: 4.4 Rauminhalte von Quadern; Raummaße	Klasse:

5. Gib das passende Raummaß an und schätze das Volumen!

a) Reservekanister: _____

b) Schwimmbecken: _____

c) Messbecher: _____

d) Laubbehälter: _____

e) Würfel: _____

f) Garage: _____

Thema: 4. Geometrie 2

Inhalt: 4.4 Rauminhalte von Quadern; Raummaße

Lösung

1. Die Würfel sind fest verklebt. Wie viele Würfel fehlen, damit ein kompletter Quader entsteht?

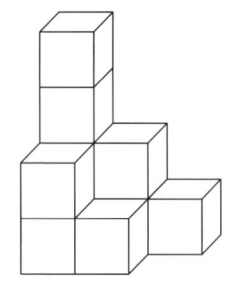

   Es fehlen __14__ Würfel.

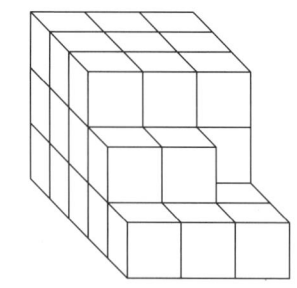

   Es fehlen __10__ Würfel.

2. Aus mehreren Zentimeterwürfeln kann man auch größere Würfel zusammensetzen.
   Überlege, wie viele Würfel du verwenden musst, um Würfel verschiedener Größe zu bauen! Kreise die richtigen Zahlen ein!

   4 – 6 – ⑧ – 10 – 15 – 20 – ㉗ – 36 – 40 – 49

   – ㉔ – 80 – 97 – 100 – ⑫⑤ – 140 – 200 – ㉒⑯ – 230

3. Ergänze die fehlen Zahlen!

   $1\ m^3$ = __1000__ dm^3 = $1\,000\,000\ cm^3$ = __1 000 000 000__ mm^3

   $1\ dm^3$ = __1000__ cm^3 = __1 000 000__ mm^3

   $1\ cm^3$ = __1000__ mm^3

   $1\ dm^3$ = __1__ l   1 l = __1000__ ml   1 hl = __100__ l

4. Gib alle möglichen Zahlenkombinationen (ganze Zahlen) für die Seiten a und b an; ergänze die Zahlen für Höhe und Volumen der Körper!

Seite a	Seite b	Grundfläche	Höhe	Volumen
6 cm	4 cm	24 cm²	15 cm	360 cm³
4 cm	**6 cm**	24 cm²	15 cm	360 cm³
3 cm	**8 cm**	24 cm²	15 cm	360 cm³
8 cm	**3 cm**	24 cm²	15 cm	360 cm³
12 cm	**2 cm**	24 cm²	20 cm	**480 cm³**
2 cm	**12 cm**	24 cm²	**25 cm**	600 cm³
24 cm	**1 cm**	24 cm²	30 cm	**720 cm³**
1 cm	**24 cm**	24 cm²	**40 cm**	960 cm³

Thema: 4. Geometrie 2	Lösung
Inhalt: 4.4 Rauminhalte von Quadern; Raummaße	

5. Gib das passende Raummaß an und schätze das Volumen!

a) Reservekanister: __5 l__

b) Schwimmbecken: __1600 m³__

c) Messbecher: __250 ml__

d) Laubbehälter: __140 l__

e) Würfel: __klein: 1 cm³   groß: 1 dm³__

f) Garage: __18 m³__

Thema: 4. Geometrie 2	Name:
Inhalt: 4.5 Rauminhalte v. Quader u. Würfel berechnen	Klasse:

1. Es gibt grundsätzlich drei verschiedene Möglichkeiten, das Volumen dieses Körpers zu berechnen. Erstelle diese Berechnungen und begründe, welche du besser findest!

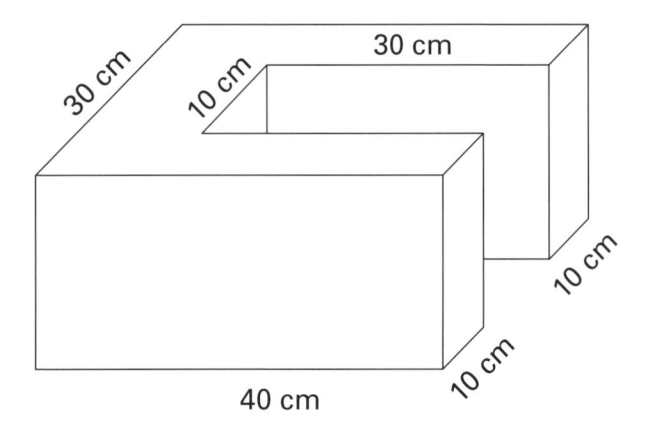

2. Finde die schnellste Berechnungsmöglichkeit!

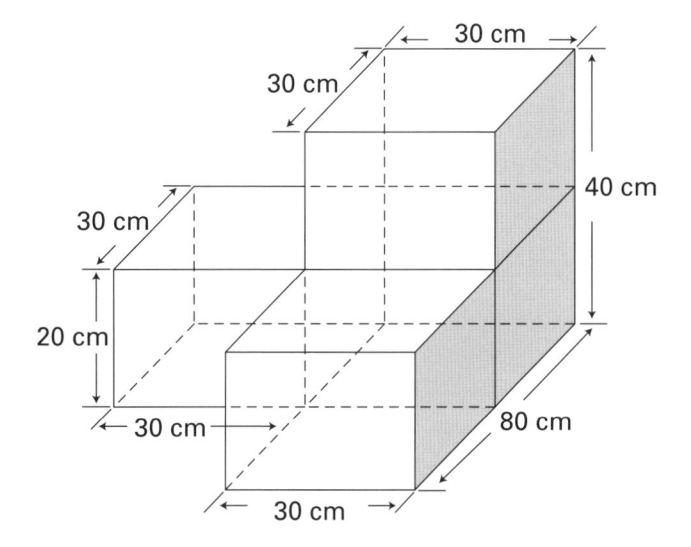

3. Welche Kantenlänge müsste ein Würfel haben, der dasselbe Volumen hat wie ein Quader mit a = 8 cm, b = 2 cm und c = 4 cm?

_____

_____

Thema: 4. Geometrie 2

Name:

Inhalt: 4.5 Rauminhalte v. Quader u. Würfel berechnen

Klasse:

4. Erstelle jetzt zwei weitere solcher Aufgaben wie unter (3)!

   a) _____

   _____

   b) _____

   _____

5. a) Ermittle aufgrund der Zeichnung und der Berechnung die fehlenden Zahlen der Skizze, trage sie ein und ergänze den Lückentext!

   $V = V_1 + V_2$

   $V = V_1 \cdot 2 + V_2$

   $V = (a \cdot b \cdot c) \cdot 2 + a \cdot b \cdot c$

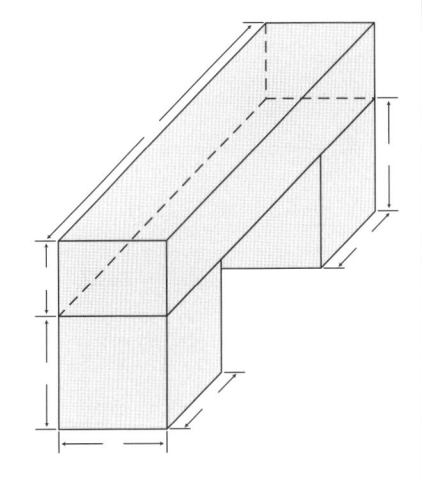

   $V = (30\,cm \cdot 30\,cm \cdot 30\,cm) \cdot 2 + 30\,cm \cdot 120\,cm \cdot 20\,cm$

   $V = 27\,000\,cm^3 \cdot 2 + 72\,000\,cm^3$

   $V = 54\,000\,cm^3 + 72\,000\,cm^3$

   $\underline{V = 126\,000\,cm^3}$

   Der Körper setzt sich aus _____ und _____

   zusammen. Die Würfel haben eine Kantenlänge von _____ cm. Die Grundfläche des

   Quaders ist _____ cm breit und _____ cm lang. Die Höhe beträgt _____ cm.

   Das Volumen jeden Würfels beträgt _____ dm³, das Volumen des Quaders beträgt

   _____ m³. Das Gesamtvolumen beträgt _____ dm³.

   b) Bei der vorliegenden Aufgabe wurde das Volumen durch Addition von drei Volumen berechnet. Finde nun eine Möglichkeit, wie das Volumen durch Subtraktion berechnet wird.

Thema: 4. Geometrie 2

Inhalt: 4.5 Rauminhalte v. Quader u. Würfel berechnen

Lösung

1. Es gibt grundsätzlich drei verschiedene Möglichkeiten, das Volumen dieses Körpers zu berechnen. Erstelle diese Berechnungen und begründe, welche du besser findest!

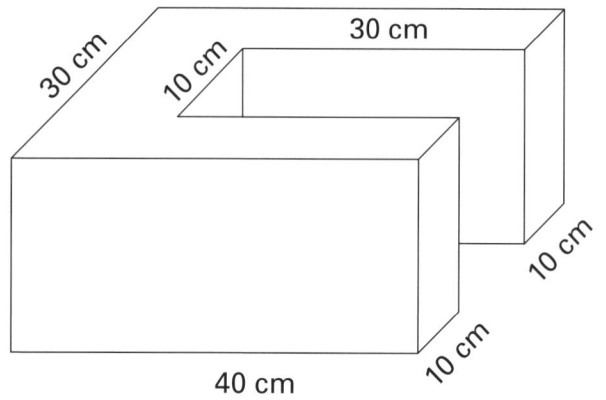

(1) V = (a · b · c) · 3

V = (30 cm · 10 cm · 10 cm) · 3

V =   3000 cm³   · 3

V =   9000 cm³

(2) V = (a · b · c) · 2 + a · b · c

V = (40 cm · 10 cm · 10 cm) · 2 + 10 cm · 10 cm · 10 cm

V =   4000 cm³   · 2 +   1000 cm³

V =   8000 cm³   +   1000 cm³

V =   9000 cm³

(3) V = a · b · c − a´ · b´ · c´

= 40 cm · 30 cm · 10 cm

− 30 cm · 10 cm · 10 cm

= 12 000 cm³ − 3000 cm³

V = 9000 cm³

2. Finde die schnellste Berechnungsmöglichkeit!

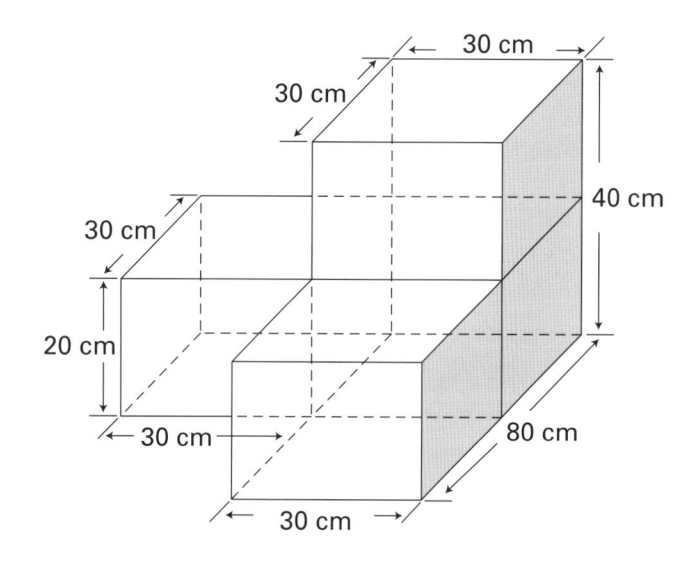

V = (a · b · c) · 3 + a´ · b´ · c´

= (30 cm · 30 cm · 20 cm) · 3

+ 30 cm · 50 cm · 20 cm

= 54 000 cm³ + 30 000 cm³

= 84 000 cm³

3. Welche Kantenlänge müsste ein Würfel haben, der dasselbe Volumen hat wie ein Quader mit a = 8 cm, b = 2 cm und c = 4 cm?

V = a · b · c = 8 cm · 2 cm · 4 cm = 64 cm³

→ **Kantenlänge Würfel = 4 cm**, weil V = 4 cm · 4 cm · 4 cm = 64 cm³

Thema: 4. Geometrie 2

Inhalt: 4.5 Rauminhalte v. Quader u. Würfel berechnen

Lösung

4. Erstelle jetzt zwei weitere solcher Aufgaben wie unter (3)!

a) **Welche Kantenlänge müsste ein Würfel haben, der dasselbe Volumen hat wie ein Quader mit a = 4,5 cm, b = 2 cm und c = 3 cm? (3 cm, weil V = 27 cm³)**

b) **Welche Kantenlänge müsste ein Würfel haben, der dasselbe Volumen hat wie ein Quader mit a = 6 cm, b = 9 cm und c = 4 cm? (6 cm, weil V = 216 cm³)**

5. a) Ermittle aufgrund der Zeichnung und der Berechnung die fehlenden Zahlen der Skizze, trage sie ein und ergänze den Lückentext!

$V = V_1 + V_2$

$V = V_1 \cdot 2 + V_2$

$V = (a \cdot b \cdot c) \cdot 2 + a \cdot b \cdot c$

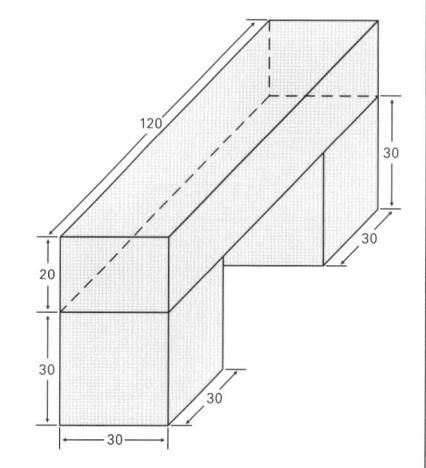

$V = (30\text{ cm} \cdot 30\text{ cm} \cdot 30\text{ cm}) \cdot 2 + 30\text{ cm} \cdot 120\text{ cm} \cdot 20\text{ cm}$

$V = \quad 27\,000\text{ cm}^3 \quad \cdot 2 + \quad 72\,000\text{ cm}^3$

$V = \quad 54\,000\text{ cm}^3 \quad + \quad 72\,000\text{ cm}^3$

$\underline{V = \quad 126\,000\text{ cm}^3}$

Der Körper setzt sich aus **zwei gleich großen Würfeln** und **einem Quader** zusammen. Die Würfel haben eine Kantenlänge von **30** cm. Die Grundfläche des Quaders ist **30** cm breit und **120** cm lang. Die Höhe beträgt **20** cm. Das Volumen jeden Würfels beträgt **27** dm³, das Volumen des Quaders beträgt **0,072** m³. Das Gesamtvolumen beträgt **126** dm³.

b) Bei der vorliegenden Aufgabe wurde das Volumen durch Addition von drei Volumen berechnet. Finde nun eine Möglichkeit, wie das Volumen durch Subtraktion berechnet wird.

$V = V_1 - V_2$

$V = a \cdot b \cdot c - a \cdot b \cdot c$

$V = 30\text{ cm} \cdot 120\text{ cm} \cdot 50\text{ cm} - 30\text{ cm} \cdot 60\text{ cm} \cdot 30\text{ cm}$

$V = \quad 180\,000\text{ cm}^3 \quad - \quad 54\,000\text{ cm}^3$

$\underline{V = \quad 126\,000\text{ cm}^3}$

Thema: 5. Terme und Gleichungen		**Name:**
Inhalt: 5.1 Terme entwickeln		**Klasse:**

1. Stimmt der Term mit dem jeweiligen Rechenausdruck überein? Berichtige, wenn nötig!

	Rechenausdruck	Term	Berichtigung
a)	Frau Müller hat 20 € im Geldbeutel. Sie kauft beim Metzger zunächst Fleisch für 12,80 € und dann Wurst für 4,30 €.	20 – 12,80 – 4,30	
b)	Bilde das Fünffache einer Zahl!	5 · x	
c)	Subtrahiere 8 von einer Zahl!	8 – x	
d)	Florian kauft vier Hefte zu je 0,80 € und einen grünen Stift für 1,20 €.	0,80 · 4 + 1,20	
e)	Bestimme die Fläche eines Rechtecks mit den Seitenlängen a und b!	a + b	
f)	Herr Müller tankt 50 l Benzin zu einem Literpreis von 1,56 €. Er zahlt mit einem 100-€-Schein.	(100 – 50) · 1,56	
g)	Berechne den Umfang eines Quadrats mit einer Seitenlänge a!	a · a	
h)	Das Vierfache einer Zahl wird um 5 vermehrt.	4 · x + 5	
i)	Susanne hat bereits 130 € gespart. Zum Geburtstag erhält sie 50 €, muss aber ihrem Bruder noch 7 € geben.	130 + 50 – 7	
j)	Frau Willert kauft 5 Tafeln Schokolade zu je 0,75 € und 4 Flaschen Milch zu je 0,89 €.	0,75 · 5 + 0,98	
k)	Dividiere die Summe aus 43 und 18 durch die Zahl 9!	43 + 18 : 9	
l)	Von einem 2 Meter langen Brett werden 80 cm abgesägt und der Rest in vier gleiche Teile zersägt.	200 – 80 : 4	

Thema: 5. Terme und Gleichungen	Name:
Inhalt: 5.1 Terme entwickeln	Klasse:

2. Formuliere kleine Textaufgaben zu diesen Themen und stelle den passenden Term auf! Bemühe dich um eine sinnvolle Aufgabenstellung!
Lies die Aufgaben deinen Mitschülern vor!

a)

Rechnung: _____

Antwort: _____

b)

Rechnung: _____

Antwort: _____

Thema: 5. Terme und Gleichungen

Inhalt: 5.1 Terme entwickeln

Lösung

1. Stimmt der Term mit dem jeweiligen Rechenausdruck überein? Berichtige, wenn nötig!

	Rechenausdruck	Term	Berichtigung
a)	Frau Müller hat 20 € im Geldbeutel. Sie kauft beim Metzger zunächst Fleisch für 12,80 € und dann Wurst für 4,30 €.	20 – 12,80 – 4,30	
b)	Bilde das Fünffache einer Zahl!	5 · x	
c)	Subtrahiere 8 von einer Zahl!	8 – x	**x – 8**
d)	Florian kauft vier Hefte zu je 0,80 € und einen grünen Stift für 1,20 €.	0,80 · 4 + 1,20	
e)	Bestimme die Fläche eines Rechtecks mit den Seitenlängen a und b!	a + b	**a · b**
f)	Herr Müller tankt 50 l Benzin zu einem Literpreis von 1,56 €. Er zahlt mit einem 100-€-Schein.	(100 – 50) · 1,56	**100 – 50 · 1,56**
g)	Berechne den Umfang eines Quadrats mit einer Seitenlänge a!	a · a	**4 · a**
h)	Das Vierfache einer Zahl wird um 5 vermehrt.	4 · x + 5	
i)	Susanne hat bereits 130 € gespart. Zum Geburtstag erhält sie 50 €, muss aber ihrem Bruder noch 7 € geben.	130 + 50 – 7	
j)	Frau Willert kauft 5 Tafeln Schokolade zu je 0,75 € und 4 Flaschen Milch zu je 0,89 €.	0,75 · 5 + 0,98	**0,75 · 5 + 4 · 0,89**
k)	Dividiere die Summe aus 43 und 18 durch die Zahl 9!	43 + 18 : 9	**(43 + 18) : 9**
l)	Von einem 2 Meter langen Brett werden 80 cm abgesägt und der Rest in vier gleiche Teile zersägt.	200 – 80 : 4	**(200 – 80) : 4**

Thema:	5. Terme und Gleichungen	Lösung
Inhalt:	5.1 Terme entwickeln	

2. Formuliere kleine Textaufgaben zu diesen Themen und stelle den passenden Term auf! Bemühe dich um eine sinnvolle Aufgabenstellung!
Lies die Aufgaben deinen Mitschülern vor!

a)

Bei der Abfahrt nach dem Unterricht sitzen 48 Schüler im Bus. An der ersten Haltestelle steigen 15 Schüler aus, an den nächsten beiden Haltestellen jeweils 13 Schüler. Wie viele Schüler steigen an der letzten Haltestelle aus?

Rechnung: $48 - 15 - 2 \cdot 13 = 48 - 15 - 26 = 7$

Antwort: **An der letzten Haltestelle steigen 7 Schüler aus.**

b)

Frau Mayr findet am Obststand das passende Angebot und kauft Pfifferlinge für 7,20 € und 2 kg Äpfel (das Kilo zu 1,99 €). Sie bezahlt mit einem 20-€-Schein. Wie viele Euro bekommt sie noch zurück?

Rechnung: $20 € - 7{,}20 € - 1{,}99 € \cdot 2 = 20 € - 7{,}20 € - 3{,}98 € = 8{,}82 €$

Antwort: **Sie bekommt noch 8,82 € zurück.**

Thema: 5. Terme und Gleichungen	Name:
Inhalt: 5.2 Rechenregeln; Rechengesetze	Klasse:

Klammerrechnen, Punkt vor Strich:

1. Schreibe ohne Klammern, wenn in den folgenden Termen die Klammern überflüssig sind!

   $8 + (4 \cdot 3) + (28 : 7) =$ _____

   $144 : (4 + 8) \cdot 6 =$ _____

   $(33 + 67) \cdot 5 - (256 : 16) =$ _____

   $83 \cdot 4 + (17 \cdot 5 \cdot 7) =$ _____

   $184 - (46 : 2) - (12 - 9) =$ _____

   $(400 : 10) - (8 \cdot 4) + (12 \cdot 3) =$ _____

Verteilungsgesetz (Distributivgesetz):

2. a) Finde jeweils die ursprünglichen Terme!

   _____   _____   _____

   $= 6 \cdot 5 - 4 \cdot 5 =$ $= 8 \cdot 13 + 8 \cdot 6 =$ $= 28 : 4 - 16 : 4 =$

   $= 30 - 20 =$ $= 104 + 48 =$ $= 7 - 4 =$

   $= \underline{10}$ $= \underline{152}$ $= \underline{3}$

   b) Rechne einfacher!

3. Frau Wagner kauft in der Schreibwarenabteilung des Kaufhauses drei Hefteinbände zu je 0,45 €, drei Ordner zu je 1,65 € und drei Stifte zu je 1,10 €. Vereinfache die folgende Berechnung!

   $3 \cdot 0{,}45 + 3 \cdot 1{,}65 + 3 \cdot 1{,}10 =$

   $= 1{,}35 + 4{,}95 + 3{,}30 =$

   $= \underline{9{,}60}$

Thema:	5. Terme und Gleichungen	Name:
Inhalt:	5.2 Rechenregeln; Rechengesetze	Klasse:

Verbindungsgesetz (Assoziativgesetz):

4. Wende bei den folgenden Aufgaben das Verbindungsgesetz an und vereinfache die Rechnung!

```
  7 · 4 · 25 =        7 · 4 · 25 =        247 + 24 + 16 =      247 + 24 + 16 =
= 28  · 25 =        = _____ =        =   271 + 16 =       = _____ =
=   700             = ___.___           =    287             = _____.____

  24 + 65 + 45 =                          _____ =
= 89 + 45      =                        = _____ =
=   134                                 = _____.____
```

Vertauschungsgesetz (Kommutativgesetz):

5. Finde Rechenvorteile und berechne!

a) 67 + 26 + 33 = _____

b) 45,8 + 10,5 − 3,8 = _____

c) 72,3 − 5,8 − 12,3 + 6,8 = _____

d) 250 · 12 · 4 · 2 = _____

e) 500 : 25 + 35 · 2 − (80 − 68) = _____

f) 52,3 + 12,8 + 7,2 − 7,3 = _____

6. Ordne die Rechengesetze zu!

a) Multiplikation und Division kommen vor Addition und Subtraktion:

_____

b) Bei der Addition und Multiplikation dürfen die Klammern beliebig gesetzt werden:

_____

c) Vor den Punktrechnungen werden die Rechnungen in der Klammer ausgeführt:

_____

d) Bei der Addition und Multiplikation dürfen die Zahlen vertauscht werden:

_____

e) Wird eine Summe (eine Differenz) mit einer Zahl multipliziert (durch eine Zahl dividiert), so wird jedes Glied der Summe (der Differenz) mit dieser Zahl multipliziert (dividiert):

_____

Thema: 5. Terme und Gleichungen

Inhalt: 5.2 Rechenregeln; Rechengesetze

Lösung

Klammerrechnen, Punkt vor Strich:

1. Schreibe ohne Klammern, wenn in den folgenden Termen die Klammern überflüssig sind!

8 + (4 · 3) + (28 : 7) =	**8 + 4 · 3 + 28 : 7 =**
144 : (4 + 8) · 6 =	
(33 + 67) · 5 – (256 : 16) =	**(33 + 67) · 5 – 256 : 16 =**
83 · 4 + (17 · 5 · 7) =	**83 · 4 + 17 · 5 · 7 =**
184 – (46 : 2) – (12 – 9) =	**184 – 46 : 2 – (12 – 9) =**
(400 : 10) – (8 · 4) + (12 · 3) =	**400 : 10 – 8 · 4 + 12 · 3 =**

Verteilungsgesetz (Distributivgesetz)!

2. a) Finde jeweils die ursprünglichen Terme!

(6 – 4) · 5 =	**8 · (13 + 6) =**	**(28 – 16) : 4 =**
= 6 · 5 – 4 · 5 =	= 8 · 13 + 8 · 6 =	= 28 : 4 – 16 : 4 =
= 30 – 20 =	= 104 + 48 =	= 7 – 4 =
= __10__	= __152__	= __3__

b) Rechne einfacher!

(6 – 4) · 5 =	**8 · (13 + 6) =**	**(28 – 16) : 4 =**
= __2 · 5__ =	= __8 · 19__ =	= __12 : 4__ =
= __10__	= __152__	= __3__

3. Frau Wagner kauft in der Schreibwarenabteilung des Kaufhauses drei Hefteinbände zu je 0,45 €, drei Ordner zu je 1,65 € und drei Stifte zu je 1,10 €. Vereinfache die folgende Berechnung!

3 · 0,45 + 3 · 1,65 + 3 · 1,10 =	**3 · (0,45 + 1,65 + 1,10) =**
= 1,35 + 4,95 + 3,30 =	= 3 · 3,20 =
= __9,60__	= **9,60**

Thema: 5. Terme und Gleichungen

Inhalt: 5.2 Rechenregeln; Rechengesetze

Lösung

Verbindungsgesetz (Assoziativgesetz):

4. Wende bei den folgenden Aufgaben das Verbindungsgesetz an und vereinfache die Rechnung!

$7 \cdot 4 \cdot 25 =$	$7 \cdot 4 \cdot 25 =$	$247 + 24 + 16 =$	$247 + 24 + 16 =$
$= 28 \cdot 25 =$	$= \underline{7 \cdot 100} =$	$= 271 + 16 =$	$= \underline{247 + 40} =$
$= \underline{700}$	$= \underline{700}$	$= \underline{287}$	$= \underline{287}$

$24 + 65 + 45 =$	$24 + 65 + 45 =$
$= 89 + 45 =$	$= \underline{24 + 110} =$
$= \underline{134}$	$= \underline{134}$

Vertauschungsgesetz (Kommutativgesetz):

5. Finde Rechenvorteile und berechne!

a) $67 + 26 + 33 = \mathbf{67 + 33 + 26 = 100 + 26 = 126}$

b) $45,8 + 10,5 - 3,8 = \mathbf{45,8 - 3,8 + 10,5 = 42 + 10,5 = 52,5}$

c) $72,3 - 5,8 - 12,3 + 6,8 = \mathbf{72,3 - 12,3 + 6,8 - 5,8 = 60 + 1 = 61}$

d) $250 \cdot 12 \cdot 4 \cdot 2 = \mathbf{250 \cdot 4 \cdot 2 \cdot 12 = 1\,000 \cdot 24 = 24\,000}$

e) $500 : 25 + 35 \cdot 2 - (80 - 68) = \mathbf{20 + 70 - 12 = 78}$

f) $52,3 + 12,8 + 7,2 - 7,3 = \mathbf{52,3 - 7,3 + 12,8 + 7,2 = 45 + 20 = 65}$

6. Ordne die Rechengesetze zu!

a) Multiplikation und Division kommen vor Addition und Subtraktion:

   Punkt vor Strich

b) Bei der Addition und Multiplikation dürfen die Klammen beliebig gesetzt werden:

   Verbindungsgesetz (Assoziativgesetz)

c) Vor den Punktrechnungen werden die Rechnungen in der Klammer ausgeführt:

   Klammer zuerst!

d) Bei der Addition und Multiplikation dürfen die Zahlen vertauscht werden:

   Vertauschungsgesetz (Kommutativgesetz)

e) Wird eine Summe (eine Differenz) mit einer Zahl multipliziert (durch eine Zahl dividiert), so wird jedes Glied der Summe (der Differenz) mit dieser Zahl multipliziert (dividiert):

   Verteilungsgesetz (Distributivgesetz)

Thema: 5. Terme und Gleichungen	Name:
Inhalt: 5.3 Terme aufstellen; Terme mit Variablen	Klasse:

Fachbegriffe

1. Formuliere die Aufgabenstellung! Verwende – wenn nötig – immer eine andere Aufgabenstellung!

   - $\frac{1}{3} x$ oder $\frac{x}{3}$ _____
   - $7 + 8{,}2$ _____
   - $10 - 6$ _____
   - $x + 20$ _____
   - $20 + x$ _____
   - $x - 35$ _____
   - $40 - x$ _____
   - $4x$ oder $x \cdot 4$ _____
   - $\frac{1}{3} x$ oder $\frac{x}{3}$ _____
   - $\frac{6}{x}$ _____
   - $12 \cdot 5$ oder $5 \cdot 12$ _____
   - $\frac{x}{8}$ oder $\frac{1}{8} x$ _____
   - $\frac{8}{x}$ _____

2. Kreuze die passende Aufgabenstellung an, rechne aus und formuliere einen Antwortsatz!

   Der Eintritt in ein Museum kostet pro Schüler 3 €.
   Hinzu kommen noch 20 € für die Führung durch das Museum.
   24 Schüler nehmen an dem Museumsbesuch teil.

   - ☐ $24 \cdot 3 - 20 =$
   - ☐ $24 \cdot 3 + 20 =$
   - ☐ $20 + 24 \cdot 3 =$
   - ☐ $(20 + 3) \cdot 24 =$
   - ☐ $(24 - 20) \cdot 3 =$
   - ☐ $3 \cdot 24 + 20 =$
   - ☐ $(3 \cdot 24) + 20 =$
   - ☐ $3 \cdot 24 \cdot 20 =$
   - ☐ $24 \cdot 3 \cdot 20 =$
   - ☐ $24 + 20 \cdot 3 =$

Thema: 5. Terme und Gleichungen	**Name:**
Inhalt: 5.3 Terme aufstellen; Terme mit Variablen	**Klasse:**

3. Kreuze die passende Aufgabenstellung an!

   Eine Schulklasse besucht ein Museum. Jeder Schüler zahlt Eintritt; die Führung durch das Museum kostet 20 €. Insgesamt kostet der Museumsbesuch für 25 Schüler 95 €. Setze die fehlende Zahl ein, sodass die Rechnung stimmt!

   ☐ 25 + 50 + 20 = 95

   ☐ 50 · x + 20 = 95

   ☐ 25 · x + 20 = 95

   ☐ 25 · x − 20 = 95

4. Setze das fehlende Rechenzeichen ein!

   137 + a = 244   a = 244 _____ 137

   3 · x = 27   x = 27 _____ 3

   x : 20 = 5   x = 5 _____ 20

   x − 56 = 78   x = 78 _____ 56

   e + 24 = 83   e = 83 _____ 24

   b · 14 = 70   b = 70 _____ 14

5. Das Ergebnis soll immer 100 sein. Ergänze die fehlende Aufgabenstellung und setze das fehlende Rechenzeichen ein!

   a) (6,4 _ 3,6) · 10 = 100

   Multipliziere die Summe _____

   b) (2400 _ 400) : 20 = 100

   Dividiere _____

   c) 5 · 13 + 35 = 100

   _____ zum Produkt aus 5 und 13 _____

   d) 800 : 5 _ 60 =

   _____ von dem Quotienten aus 800 und 5 die Zahl 60.

   e) 20 _ 5 _ 1 = 100

   _____ aus 20 und 5 mit der Zahl 1.

   f) 90 : 6 _ (185 − 100) = 100

   _____ zum Quotienten aus 90 und 6 die Differenz aus 185 und 100!

Thema: 5. Terme und Gleichungen

Inhalt: 5.3 Terme aufstellen; Terme mit Variablen

Lösung

Fachbegriffe

1. *Formuliere die Aufgabenstellung! Verwende – wenn nötig – immer eine andere Aufgabenstellung!*

- $\frac{1}{3}x$ oder $\frac{x}{3}$ — **Dividiere ein Zahl durch 3!**
- $7 + 8{,}2$ — **Bilde die Summe aus 7 und 8,2!**
- $10 - 6$ — **Bilde die Differenz aus 10 und 6!**
- $x + 20$ — **Addiere 20 zu einer Zahl!**
- $20 + x$ — **Addiere eine Zahl zu 20!**
- $x - 35$ — **Subtrahiere 35 von einer Zahl!**
- $40 - x$ — **Subtrahiere eine Zahl von 40!**
- $4x$ oder $x \cdot 4$ — **Multipliziere eine Zahl mit 4!**
- $\frac{1}{3}x$ oder $\frac{x}{3}$ — **Dividiere eine Zahl durch 3!**
- $\frac{6}{x}$ — **Dividiere 6 durch eine Zahl!**
- $12 \cdot 5$ oder $5 \cdot 12$ — **Bilde das Produkt aus 12 und 5!**
- $\frac{x}{8}$ oder $\frac{1}{8}x$ — **Bilde den Quotienten aus einer Zahl und 8!**
- $\frac{8}{x}$ — **Bilde den Quotienten aus 8 und einer Zahl!**

2. *Kreuze die passende Aufgabenstellung an, rechne aus und formuliere einen Antwortsatz!*

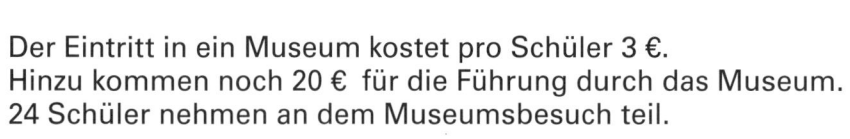

Der Eintritt in ein Museum kostet pro Schüler 3 €.
Hinzu kommen noch 20 € für die Führung durch das Museum.
24 Schüler nehmen an dem Museumsbesuch teil.

- ☐ $24 \cdot 3 - 20 =$
- ☒ $24 \cdot 3 + 20 =$
- ☒ $20 + 24 \cdot 3 =$
- ☐ $(20 + 3) \cdot 24 =$
- ☐ $(24 - 20) \cdot 3 =$
- ☒ $3 \cdot 24 + 20 =$
- ☒ $(3 \cdot 24) + 20 =$
- ☐ $3 \cdot 24 \cdot 20 =$
- ☐ $24 \cdot 3 \cdot 20 =$
- ☐ $24 + 20 \cdot 3 =$

$24 \cdot 3 + 20 =$
$= 72 + 20 =$
$= \underline{92}$

Insgesamt kostet der Museumsbesuch 92 €.

Thema: 5. Terme und Gleichungen

Inhalt: 5.3 Terme aufstellen; Terme mit Variablen

Lösung

3. Kreuze die passende Aufgabenstellung an!

   Eine Schulklasse besucht ein Museum. Jeder Schüler zahlt Eintritt; die Führung durch das Museum kostet 20 €. Insgesamt kostet der Museumsbesuch für 25 Schüler 95 €. Setze die fehlende Zahl ein, sodass die Rechnung stimmt!

   ☐ 25 + 50 + 20 = 95   25 · x + 20 = 95

   ☐ 50 · x + 20 = 95   25 · 3 + 20 = 95

   ☒ 25 · x + 20 = 95   75 + 20 = 95

   ☐ 25 · x − 20 = 95   <u> 95 </u> = 95

4. Setze das fehlende Rechenzeichen ein!

   137 + a = 244   a = 244 <u> − </u> 137

   3 · x = 27   x = 27 <u> : </u> 3

   x : 20 = 5   x = 5 <u> · </u> 20

   x − 56 = 78   x = 78 <u> + </u> 56

   e + 24 = 83   e = 83 <u> − </u> 24

   b · 14 = 70   b = 70 <u> : </u> 14

5. Das Ergebnis soll immer 100 sein. Ergänze die fehlende Aufgabenstellung und setze das fehlende Rechenzeichen ein!

   a) (6,4 + 3,6) · 10 = 100

   Multipliziere die Summe **aus 6,4 und 3,6 mit der Zahl 10!**

   b) (2400 − 400) : 20 = 100

   Dividiere **die Differenz aus 2400 und 400 durch die Zahl 20!**

   c) 5 · 13 + 35 = 100

   Addiere zum Produkt aus 5 und 13 **die Zahl 35!**

   d) 800 : 5 − 60 = 100

   Subtrahiere von dem Quotienten aus 800 und 5 die Zahl 60!

   e) 20 · 5 · 1 = 100

   Multipliziere das Produkt aus 20 und 5 mit der Zahl 1!

   f) 90 : 6 + (185 − 100) = 100

   Addiere zum Quotienten aus 90 und 6 die Differenz aus 185 und 100!

Thema: 5. Terme und Gleichungen	**Name:**
Inhalt: 5.4 Gleichungen aufstellen und lösen	**Klasse:**

1. Ergänze die drei verschiedenen Aufgabenstellungen zu der folgenden Gleichung!

$$3x = 54$$

- Bernd denkt sich eine Zahl. Wenn er _____
  _____

- Das Dreifache _____
  _____

- Wenn ich eine Zahl _____
  _____

2. Vervollständige die Gleichung durch den Einsatz der fehlenden Rechenzeichen!

   a) 7 __ 2 __ 16 = 30

   b) 12 __ 57 = 240 __ 171

   c) 104 __ 8 __ 10 = 27 __ 9

   d) (9 __ 6) __ 4 __ 20 = 40

   e) 60 __ 6 __ 10 = 10 __ 1 __ 10

   f) 25 __ 5 __ 35 = 110 __ 2

   g) 83 __ 60 = 10 __ 13

   h) 8 __ 7 __ 6 __ 5 __ 4 __ 3 = 54

3. a) Mit einer bestimmten Anordnung der Zahlen und Rechenzeichen erhältst du als Ergebnis die Zahl 3.

   8   5   : 40   ·   10   +

   _____ = 3

   b) Mit einer bestimmten Anordnung der Zahlen und Rechenzeichen erhältst du als Ergebnis die Zahl 100.

   12   +   60   4   :   ·   80

   _____ = 100

4. Kannst du aus den Zahlen die Gleichung aufstellen?

   a) 1 3 4 6 8

   b) 1 1 2 2 4 5 5

   c) 1 3 6 9 18

   d) 1 2 4 28 56

Thema: 5. Terme und Gleichungen	Name:
Inhalt: 5.4 Gleichungen aufstellen und lösen	Klasse:

5. Kreuze jeweils die richtige Lösung an!

a) 3x + 14 = 52 : 2

Das Dreifache einer Zahl vermehrt um 14

☐ ergibt die Summe aus 52 und 2.

☐ ergibt die Differenz aus 52 und 2.

☐ ergibt den Quotienten aus 52 und 2.

☐ ergibt das Produkt aus 52 und 2.

b) $\frac{1}{4}$ x − 8 = $\frac{1}{2}$ · 4

Man erhält das Produkt aus ½ und 4, wenn man

☐ eine Zahl mit 8 multipliziert.

☐ die Differenz aus dem vierten Teil einer Zahl und 8 bildet.

☐ vom Vierfachen einer Zahl 8 subtrahiert.

☐ vom vierten Teil einer Zahl 8 subtrahiert.

c) 300 − 120 = (178 − 133) · 4

Die Differenz aus 300 und 120 ist gleich

☐ dem Produkt aus der Summe der Zahlen 178 und 133 und 4.

☐ der Differenz aus der Zahl 178 und dem Produkt aus 133 und 4.

☐ dem Produkt aus der Differenz der Zahlen 178 und 133 und 4.

☐ dem Produkt aus der Zahl 4 und der Differenz der Zahlen 178 und 133.

d) 392 : 14 − 18 = 2,5 · 4

Wenn man

☐ den Quotienten aus 392 und 14 von 18 subtrahiert,

☐ vom Quotienten aus 392 und 14 die Zahl 18 subtrahiert,

☐ die Zahl 18 vom Quotienten aus 392 und 14 subtrahiert,

☐ den Quotienten aus 392 und der Differenz aus 14 und 18 bildet,

erhält man

☐ das Produkt aus 2,5 und 4.

☐ das Produkt aus 4 und 2,5.

Thema:	5. Terme und Gleichungen	Lösung
Inhalt:	5.4 Gleichungen aufstellen und lösen	

1. Ergänze die drei verschiedenen Aufgabenstellungen zu der folgenden Gleichung!

$$3x = 54$$

- Bernd denkt sich eine Zahl. Wenn er **sie mit 3 multipliziert, erhält er 54**.

- Das Dreifache **einer Zahl ist 54**.

- Wenn ich eine Zahl **mit 3 multipliziere, erhalte ich 54**.

2. Vervollständige die Gleichung durch den Einsatz der fehlenden Rechenzeichen!

a) 7 **·** 2 **+** 16 = 30

b) 12 **+** 57 = 240 **−** 171

c) 104 **:** 8 **−** 10 = 27 **:** 9

d) (9 **+** 6) **·** 4 **−** 20 = 40

e) 60 **:** 6 **·** 10 = 10 **·** 1 **·** 10

f) 25 **−** 5 **+** 35 = 110 **:** 2

g) 83 **−** 60 = 10 **+** 13

h) 8 **·** 7 **−** 6 **+** 5 **−** 4 **+** 3 = 54

3. a) Mit einer bestimmten Anordnung der Zahlen und Rechenzeichen erhältst du als Ergebnis die Zahl 3.

   8   5   :   40   ·   10   +

   _____**(5 + 10) · 8 : 40**_____ = 3

b) Mit einer bestimmten Anordnung der Zahlen und Rechenzeichen erhältst du als Ergebnis die Zahl 100.

   12   +   60   4   :   ·   80

   _____**60 · 4 : 12 + 80**_____ = 100

4. Kannst du aus den Zahlen die Gleichung aufstellen?

a) 1 3 4 6 8 $\frac{1}{3} \cdot 6 = 8 : 4$

b) 1 1 2 2 4 5 5 $\frac{2}{5} \cdot \frac{1}{4} \cdot 5 = \frac{1}{2}$

c) 1 3 6 9 18 $9 : 3 = \frac{1}{6} \cdot 18$

d) 1 2 4 28 56 $\frac{1}{2} \cdot 28 = 56 : 4$

Thema: 5. Terme und Gleichungen	**Lösung**
Inhalt: 5.4 Gleichungen aufstellen und lösen	

5. Kreuze jeweils die richtige Lösung an!

a) $3x + 14 = 52 : 2$

   Das Dreifache einer Zahl vermehrt um 14

   ☐ ergibt die Summe aus 52 und 2.

   ☐ ergibt die Differenz aus 52 und 2.

   ☒ ergibt den Quotienten aus 52 und 2.

   ☐ ergibt das Produkt aus 52 und 2.

b) $\frac{1}{4}x - 8 = \frac{1}{2} \cdot 4$

   Man erhält das Produkt aus ½ und 4, wenn man

   ☐ eine Zahl mit 8 multipliziert.

   ☒ die Differenz aus dem vierten Teil einer Zahl und 8 bildet.

   ☐ vom Vierfachen einer Zahl 8 subtrahiert.

   ☒ vom vierten Teil einer Zahl 8 subtrahiert.

c) $300 - 120 = (178 - 133) \cdot 4$

   Die Differenz aus 300 und 120 ist gleich

   ☐ dem Produkt aus der Summe der Zahlen 178 und 133 und 4.

   ☐ der Differenz aus der Zahl 178 und dem Produkt aus 133 und 4.

   ☒ dem Produkt aus der Differenz der Zahlen 178 und 133 und 4.

   ☒ dem Produkt aus der Zahl 4 und der Differenz der Zahlen 178 und 133.

d) $392 : 14 - 18 = 2,5 \cdot 4$

   Wenn man

   ☐ den Quotienten aus 392 und 14 von 18 subtrahiert,

   ☒ vom Quotienten aus 392 und 14 die Zahl 18 subtrahiert,

   ☒ die Zahl 18 vom Quotienten aus 392 und 14 subtrahiert,

   ☐ den Quotienten aus 392 und der Differenz aus 14 und 18 bildet,

   erhält man

   ☒ das Produkt aus 2,5 und 4.

   ☒ das Produkt aus 4 und 2,5.

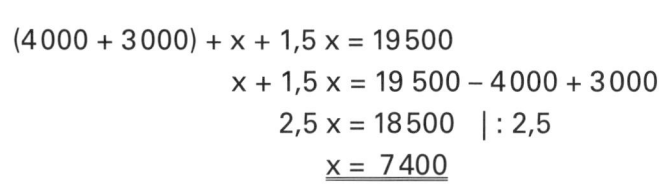

Thema: 5. Terme und Gleichungen	Name:
Inhalt: 5.5 Gleichungen bei Sachaufgaben	Klasse:

1. Kreuze jeweils die richtigen Ansätze an!

   a) Peter kauft einen Fotoapparat für 490 €. Wie hoch ist eine Rate, wenn er 250 € anzahlt und den Rest in 4 Monatsraten begleichen will?

   - [ ] $250 + 4x = 490$
   - [ ] $490 - 250 = 4x$
   - [ ] $490 - 250 - 4x = 0$
   - [ ] $4x = 490 - 250$
   - [ ] $490 + 4x = 250$
   - [ ] $250 - 4x = 490$

   b) Bei einer Fahrradtour legt Familie Lang am ersten Tag 18 km und am zweiten Tag 25 km zurück. Am dritten und vierten Tag ist die zurückgelegte Strecke jeweils gleich lang. Die gesamte Strecke beträgt 85 km.

   - [ ] $18 + 25 + 2x = 85$
   - [ ] $4x = 85 - 18 - 25$
   - [ ] $18 + 2x = 85 + 25$
   - [ ] $43 + 2x = 85$
   - [ ] $33 = 85 - 2x$
   - [ ] $18 + 2x = 85 - 25$

2. Ein Lottogewinn von 19 500 € wird so aufgeteilt, dass Herr Bauer 4 000 € erhält; Herr Gerster bekommt 1 000 € weniger. Frau Weber erhält eineinhalb Mal so viel wie Frau Braun. Wie viele Euro erhalten die Gewinner bei diesem Lottogewinn?

   Suche bei der folgenden Berechnung den enthaltenen Fehler und berichtige die Lösung! Wie kannst du überprüfen, ob du richtig gerechnet hast?

$$(4000 + 3000) + x + 1{,}5\,x = 19\,500$$
$$x + 1{,}5\,x = 19\,500 - 4000 + 3000$$
$$2{,}5\,x = 18\,500 \quad |:2{,}5$$
$$\underline{x = 7400}$$

Thema: 5. Terme und Gleichungen	Name:
Inhalt: 5.5 Gleichungen bei Sachaufgaben	Klasse:

3. Denke dir zu den beiden Bildern jeweils eine Rechengeschichte aus und lass sie deinen Banknachbarn in Form einer Gleichung lösen!

Thema: 5. Terme und Gleichungen

Inhalt: 5.5 Gleichungen bei Sachaufgaben

Lösung

1. Kreuze jeweils die richtigen Ansätze an!

   a) Peter kauft einen Fotoapparat für 490 €. Wie hoch ist eine Rate, wenn er 250 € anzahlt und den Rest in 4 Monatsraten begleichen will?

   - [X] 250 + 4x = 490
   - [X] 490 − 250 = 4x
   - [X] 490 − 250 − 4x = 0
   - [X] 4x = 490 − 250
   - [ ] 490 + 4x = 250
   - [ ] 250 − 4x = 490

   b) Bei einer Fahrradtour legt Familie Lang am ersten Tag 18 km und am zweiten Tag 25 km zurück. Am dritten und vierten Tag ist die zurückgelegte Strecke jeweils gleich lang. Die gesamte Strecke beträgt 85 km.

   - [X] 18 + 25 + 2x = 85
   - [ ] 4x = 85 − 18 − 25
   - [ ] 18 + 2x = 85 + 25
   - [X] 43 + 2x = 85
   - [ ] 33 = 85 − 2x
   - [X] 18 + 2x = 85 − 25

2. Ein Lottogewinn von 19 500 € wird so aufgeteilt, dass Herr Bauer 4 000 € erhält; Herr Gerster bekommt 1 000 € weniger. Frau Weber erhält eineinhalb Mal so viel wie Frau Braun. Wie viele Euro erhalten die Gewinner bei diesem Lottogewinn?

   Suche bei der folgenden Berechnung den enthaltenen Fehler und berichtige die Lösung! Wie kannst du überprüfen, ob du richtig gerechnet hast?

   (4 000 + 3 000) + x + 1,5 x = 19 500
   x + 1,5 x = 19 500 − 4 000 + 3 000
   2,5 x = 18 500 | : 2,5
   x = 7 400

   4 000 + 3 000 + x + 1,5 x = 19 500
   x + 1,5 x = 19 500 − 4 000 − 3 000
   2,5 x = 12 500 | : 2,5
   x = 5 000

   <u>Ich überprüfe, ob ich richtig gerechnet habe, indem ich die Anteile den einzelnen Personen zuordne und dann diese Anteile zusammenzähle. Wenn die Rechung richtig gelöst ist, müssten alle Anteile zusammen 19 500 € ergeben.</u>

   <u>Herr Bauer: 4 000 €; Herr Gerster: 3 000 €; Frau Braun: 5 000 €;</u>
   <u>Frau Weber: 7 500 €; macht zusammen 19 500 €</u>

Thema: 5. Terme und Gleichungen	Lösung
Inhalt: 5.5 Gleichungen bei Sachaufgaben	

3. Denke dir zu den beiden Bildern jeweils eine Rechengeschichte aus und lass sie deinen Banknachbarn in Form einer Gleichung lösen!

Beispiel Fahrkarten:

Familie Ableitner fährt mit dem Zug nach Augsburg. Die Eltern zahlen jeweils 18 €, beide Kinder jeweils den gleichen Betrag. Insgesamt kostet die Fahrt 56 €.

Beispiel Schreibwarenladen:

Katharina kauft im Schreibwarenladen einen Ordner für 3,80 € und 3 Schreibblöcke. An der Kasse muss sie 8,60 € bezahlen.

Thema: 5. Terme und Gleichungen	**Name:**
Inhalt: 5.6 Gleichungen bei Geometrieaufgaben	**Klasse:**

1. Entnimm aus den Angaben die Aufgabenstellung und berechne!
Rechteckiges Grundstück: Länge 80 m, Gesamtumfang 250 m.

Ein rechteckiges Grundstück hat eine Seitenlänge von _____.

Sein gesamter Umfang beträgt _____. Wie _____ ist das Grundstück?

Löse mithilfe einer Gleichung!

_____

_____

_____

_____

Stimmt die Zeichnung mit der Lösung überein? Berichtige, wenn nötig!

Maßstab 1 : 1000

2. Beurteile die folgenden Aufgaben! Welche kannst du nicht lösen? Warum?
Erstelle – wenn möglich – den Ansatz!

a) Ein Grundstück mit einer Seitenlänge von 40 m hat einen Flächeninhalt von 1 000 m². Wie breit ist das Grundstück?

_____

_____

b) Eine rechteckige Wiese soll eingezäunt werden. Wie viele Meter Zaun benötigt man, wenn die Wiese 40 m lang und 30 m breit ist und ein Zufahrtstor zu berücksichtigen ist?

_____

_____

Thema: 5. Terme und Gleichungen	**Name:**
Inhalt: 5.6 Gleichungen bei Geometrieaufgaben	**Klasse:**

3. Ein Würfel hat eine Seitenlänge von 4 cm. Was wird in den folgenden Rechnungen berechnet? Ergänze die fehlenden Angaben! (Auch die verschiedenen Formeln zu geometrischen Berechnungen sind letztendlich Gleichungen!)

   a) ____ = a · a · a   b) ____ = a · a · 6

   ____ = 4 ____ · 4 ____ · 4 ____   ____ = 4 ____ · 4 ____ · 6

   ____ = 64 ____   ____ = 96 ____

4. Bei welcher Seitenlänge ist die Maßzahl des Volumens so groß wie die der Oberfläche? Beweise durch Rechnung! Stelle eine Gleichung auf!

   Volumen: _____   Oberfläche: _____

5. Ergänze den Lückentext aufgrund der Berechnung!

   $8x \cdot 2 + 3x \cdot 2 + 8 \cdot 3 \cdot 2 = 136$

   $16x + 6x + 48 = 136$

   $22x = 136 - 48$

   $22x = 88 \quad |:22$

   $x = 4$

   Berechnet wird die _____ Eine der beiden Seitenflächen ist

   _____, die andere Seitenfläche ist _____.

   Die Grund- und Deckfläche ist _____.

   Die gesamte Oberfläche beträgt _____.

6. Beurteile, ob richtig gerechnet wurde!

   Ein 26 m langer und 20 m breiter Innenhof soll umzäunt werden. Wie lang muss die Umzäunung sein, wenn ein fünf Meter breites Tor zu berücksichtigen ist?

   $26 \cdot 2 + 20 \cdot 2 + 5 = x$

   $52 + 40 + 5 = x$

   $97 = x$

Thema:	5. Terme und Gleichungen	Lösung
Inhalt:	5.6 Gleichungen bei Geometrieaufgaben	

1. *Entnimm aus den Angaben die Aufgabenstellung und berechne!*
   Rechteckiges Grundstück: Länge 80 m, Gesamtumfang 250 m.

   Ein rechteckiges Grundstück hat eine Seitenlänge von __80 m__.

   Sein gesamter Umfang beträgt __250 m__. Wie __breit__ ist das Grundstück?

   Löse mithilfe einer Gleichung!

   $2 \cdot 80 + 2x = 250$ Länge: $80\,m \cdot 2 = 160\,m$

   $160 + 2x = 250$ Breite: $45\,m \cdot 2 = 90\,m$

   $2x = 250 - 160$ → Umfang: $250\,m$

   $2x = 90 \quad |:2$

   $x = 45$

   Stimmt die Zeichnung mit der Lösung überein? Berichtige, wenn nötig!

   Maßstab 1 : 1000

2. *Beurteile die folgenden Aufgaben! Welche kannst du nicht lösen? Warum? Erstelle – wenn möglich – den Ansatz!*

   a) Ein Grundstück mit einer Seitenlänge von 40 m hat einen Flächeninhalt von 1 000 m². Wie breit ist das Grundstück?

   Nicht lösbar, weil die Angabe fehlt, dass es sich um ein rechteckiges Grundstück

   handelt. Nur dann ist die Aufgabe lösbar.

   b) Eine rechteckige Wiese soll eingezäunt werden. Wie viele Meter Zaun benötigt man, wenn die Wiese 40 m lang und 30 m breit ist und ein Zufahrtstor zu berücksichtigen ist?

   Nicht lösbar, weil die Länge des Zufahrtstores fehlt.

Thema: 5. Terme und Gleichungen

Inhalt: 5.6 Gleichungen bei Geometrieaufgaben

Lösung

---

3. Ein Würfel hat eine Seitenlänge von 4 cm. Was wird in den folgenden Rechnungen berechnet? Ergänze die fehlenden Angaben! (Auch die verschiedenen Formeln zu geometrischen Berechnungen sind letztendlich Gleichungen!)

a) __V__ = a · a · a

   __V__ = 4 __cm__ · 4 __cm__ · 4 __cm__

   __V__ = 64 __cm³__

b) __A__ = a · a · 6

   __A__ = 4 __cm__ · 4 __cm__ · 6

   __A__ = 96 __cm²__

Bei a) wird das Volumen berechnet, bei b) die Oberfläche des Würfels.

4. Bei welcher Seitenlänge ist die Maßzahl des Volumens so groß wie die der Oberfläche? Beweise durch Rechnung! Stelle eine Gleichung auf!

Volumen: __x = 6 cm · 6 cm · 6 cm__

   __x = 216 cm³__

Oberfläche: __x = 6 cm · 6 cm · 6__

   __x = 216 cm²__

Nur bei einer Seitenlänge von 6 cm ist die Maßzahl des Volumens so groß wie die der Oberfläche.

5. Ergänze den Lückentext aufgrund der Berechnung!

$8x \cdot 2 + 3x \cdot 2 + 8 \cdot 3 \cdot 2 = 136$

$16x + 6x + 48 = 136$

$22x = 136 - 48$

$22x = 88 \quad |:22$

$x = 4$

Berechnet wird die __Oberfläche eines Quaders.__ Eine der beiden Seitenflächen ist __8 cm lang und 4 cm breit__, die andere Seitenfläche ist __3 cm lang und 4 cm breit__. Die Grund- und Deckfläche ist __8 cm lang und 3 cm breit__. Die gesamte Oberfläche beträgt __136 cm²__.

6. Beurteile, ob richtig gerechnet wurde!

Ein 26 m langer und 20 m breiter Innenhof soll umzäunt werden. Wie lang muss die Umzäunung sein, wenn ein fünf Meter breites Tor zu berücksichtigen ist?

26 · 2 + 20 · 2 + 5 = x	__26 · 2 + 20 · 2 − 5 = x__
52 + 40 + 5 = x	__52 + 40 − 5 = x__
97 = x	__87 = x__

Thema: 6. Neue Aufgabenformen allgemein	Name:
Inhalt: 6.1 Aufgaben zum Hinterfragen	Klasse:

1. Ein Matrose erzählt abends in der Seemannskneipe von seinem beschwerlichen Tag. Er musste die beiden vergangenen Tage das Schiff streichen. Als er an der Außenbordwand, die 6,80 Meter hoch ist, beschäftigt war, stand er auf einer Strickleiter, deren Sprossen 30 cm auseinander liegen. Als die Flut kam, stand er auf der dritten Stufe von unten. Er wusste, dass die Flut im Hafen einen Höhenunterschied von 1,10 Meter ausmacht, und so stieg er vier Sprossen höher, um ungestört weiterstreichen zu können. Hat er richtig gerechnet?

2. Wenn man eine Salami in 40 Scheiben schneidet, wie viele Schnitte muss man dann machen?

3. Drei Jungen kaufen sich in einem Sportgeschäft einen Lederfußball für 35 €. Nachdem die Jungen gegangen sind, stellt der Verkäufer fest, dass der Ball eigentlich im Sonderangebot ist und nur 31 € kostet. Er schickt schnell einen Mitarbeiter los, der den drei Jungen das zu viel bezahlte Geld zurückerstatten soll.
Dieser denkt sich, dass sich vier Euro nicht gut auf drei Jungen verteilen lassen, gibt den Jungen deshalb drei Euro und steckt den vierten Euro selber ein.
Die Jungen haben für den Ball also jetzt 32 Euro bezahlt, einen Euro hat der Auszubildende an sich genommen, sind zusammen 33 Euro. Wo sind die restlichen zwei Euro geblieben?

4. Herr Müller wird am nächsten Tag in eine neue Wohnung umziehen. Die ganze Wohnungseinrichtung ist bereits in Kartons verpackt. Plötzlich klingelt das Telefon:
Eine gute Bekannte ruft an und schlägt ihm vor, am Abend noch in ein Konzert zu gehen.
Zum Glück ist seine Kleidung noch im Schrank, sodass er Anzug, Hemd, Krawatte und Schuhe zur Hand hat.
Ein Problem gibt es allerdings: Seine Socken sind schon verpackt.
Herr Müller weiß, in welchem Karton seine sieben Paar Socken verpackt sind. Er kann aber nur „blind" hineingreifen, da die Kartons viel zu eng beieinander stehen. Im Karton befinden sich drei Paar schwarze und vier Paar graue Socken. Er benötigt auf alle Fälle zwei gleichfarbige, am liebsten zwei schwarze Socken zum dunklen Anzug.

a) Wie viele Socken muss Herr Müller „blind" aus dem Karton holen, um mindestens zwei gleichfarbige Socken zu haben?

b) Wie viele Socken muss er „blind" aus dem Karton holen, um auf jeden Fall ein Paar schwarze Socken zu haben?

Thema: 6. Neue Aufgabenformen allgemein	Name:
Inhalt: 6.1 Aufgaben zum Hinterfragen	Klasse:

5. Wann ergibt 8-mal die Zahl 4 die Zahl 500?

6. Wie kann das Zifferblatt einer Uhr mit zwei Geraden so geteilt werden, dass in allen drei entstandenen Bereichen die Addition der Ziffern jeweils die gleich Summe ergibt?

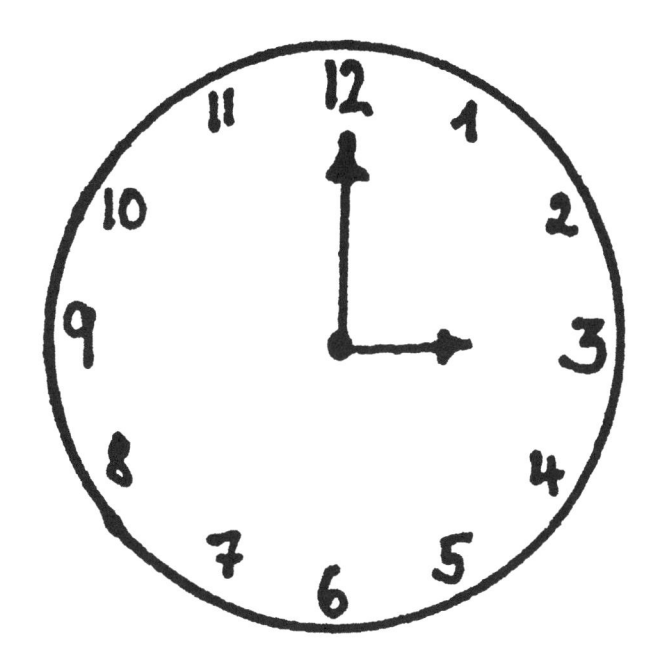

7. Trage in die leeren Kästchen die fehlenden Zahlen ein, sodass die Rechnung stimmt.

$$\begin{array}{ccccc} \boxed{3}\boxed{}\boxed{9} & + & \boxed{}\boxed{7}\boxed{5} & = & \boxed{8}\boxed{6}\boxed{} \\ - & & - & & - \\ \boxed{}\boxed{8}\boxed{0} & + & \boxed{}\boxed{3}\boxed{3} & = & \boxed{6}\boxed{}\boxed{3} \\ \hline \boxed{}\boxed{0}\boxed{9} & + & \boxed{}\boxed{}\boxed{2} & = & \boxed{2}\boxed{}\boxed{1} \end{array}$$

Thema: 6. Neue Aufgabenformen allgemein	**Lösung**
Inhalt: 6.1 Aufgaben zum Hinterfragen	

1. Der Matrose hat wohl ein Märchen erzählt; er konnte ungestört weiterarbeiten, denn das Schiff hat sich mit der Flut gehoben.

2. Es sind 39 Schnitte nötig; mit dem letzten Schnitt erhält man zwei Scheiben.

3. Im Sportgeschäft sind 31 € geblieben, drei Euro haben die Jungen erhalten und ein Euro hat der Mitarbeiter; das ergibt die 35 Euro.

4. a) Ab drei Socken müssen zwei die gleiche Farbe haben.

   b) Im ungünstigsten Fall 10 Stück (alle 8 grauen und zwei schwarze).

5. $444 + 44 + 4 + 4 + 4 = 500$

6.

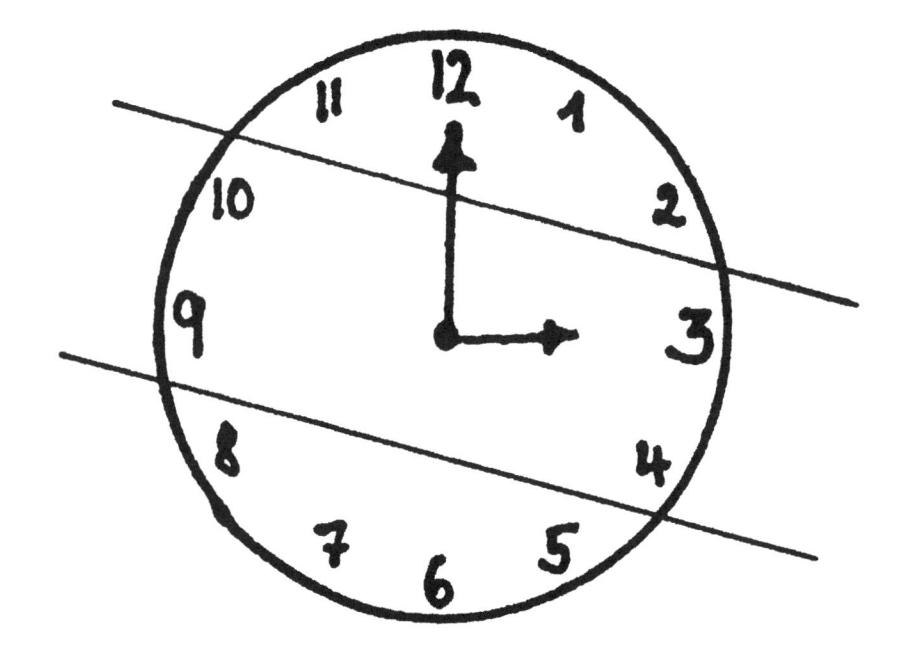

7.
$$389 + 475 = 864$$
$$-\quad\quad\quad -\quad\quad\quad -$$
$$180 + 433 = 613$$
$$\overline{}$$
$$209 + 42 = 251$$

Thema: 6. Neue Aufgabenformen allgemein	Name:
Inhalt: 6.2 Konkretes Schätzen	Klasse:

1. Wie hoch ist das Netz?

2. Wie lang ist der Schriftzug?

3. Wie weit sind die Personen entfernt?

4. Wie hoch ist der Maibaum?

5. Wie lang sind die Rutschen?

6. Wie viele Plätze hat die Tribüne?

Thema: 6. Neue Aufgabenformen allgemein

Inhalt: 6.2 Konkretes Schätzen

Lösung

1. Wie hoch ist das Netz?

   ca. 2 m (die Personen sind ca. 1,80 m groß, das Netz ist höher)

2. Wie lang ist der Schriftzug?

   ca. 6 m (Schaufenster ca. 4 m + Betonteil + Tür zusammen ca. 2 m)

3. Wie weit sind die Personen entfernt?

   ca. 30 m (Abstand der Bäume auf der linken Seite jeweils ca. 10 m)

4. Wie hoch ist der Maibaum?

   ca. 16 m (Krone in ca. 10 m Höhe, ca. weitere 6 m bis zur Spitze)

5. Wie lang sind die Rutschen?

   ca. 5 m (Länge der Treppe ca. 3 m + weiterer Weg zum Turm)

6. Wie viele Plätze hat die Tribüne?

   450 Plätze (9 Reihen x 50 Plätze)

Besser mit Brigg Pädagogik!

Praxiserprobte Unterrichtshilfen für Ihren Mathematikunterricht auf aktuellstem Stand!

Otto Mayr

Neue Aufgabenformen im Mathematikunterricht

Aufgaben vernetzen – Probleme lösen – kreativ denken

5. Klasse	7.–9. Klasse	10. Klasse
108 S., DIN A4	168 S., DIN A4	96 S., DIN A4
Kopiervorlagen mit Lösungen	Kopiervorlagen mit Lösungen	Kopiervorlagen mit Lösungen
Best.-Nr. 669	Best.-Nr. 276	Best.-Nr. 359

Die Bände stärken grundlegende mathematische Kompetenzen und fördern das **Mathematisieren von Sachverhalten**. Sie enthalten die **seit PISA vorgegebenen Prüfungsinhalte**: mathematisches Argumentieren, Vernetzen sowie Erweitern von Routineaufgaben (z. B. Fehleraufgaben), Problemlösen und kreatives Denken (z. B. überbestimmte Aufgaben, Aufgaben zum Hinterfragen, Aufgaben mit mehreren Lösungswegen). **Weitere Bände sind in Vorbereitung!**

Otto Mayr

Mathematik komplett

Arbeitsblätter, Lernzielkontrollen und Probearbeiten, neue Aufgabenkultur

8. Klasse	9. Klasse
152 S., DIN A4	208 S., DIN A4
Kopiervorlagen mit Lösungen	Kopiervorlagen mit Lösungen
Best.-Nr. 502	Best.-Nr. 337

Materialpaket für ein ganzes Schuljahr und nach den neuen Prüfungsanforderungen! Die Bände beinhalten den **kompletten Stoff der 8. und 9. Klasse** in zwei verschiedenen Anforderungsstufen. Die Arbeitsblätter decken den gesamten Lehrplaninhalt ab. **Mit Lernzielkontrollen** für jeden Themenkomplex!

Weitere Infos, Leseproben und Inhaltsverzeichnisse unter **www.brigg-paedagogik.de**

Bestellcoupon

Ja, bitte senden Sie mir/uns mit Rechnung

_____ Expl. Best.-Nr. _____
_____ Expl. Best.-Nr. _____
_____ Expl. Best.-Nr. _____
_____ Expl. Best.-Nr. _____

Meine Anschrift lautet:

Name / Vorname
Straße
PLZ / Ort
E-Mail
Datum/Unterschrift   Telefon (für Rückfragen)

Bitte kopieren und einsenden/faxen an:

**Brigg Pädagogik Verlag GmbH
zu Hd. Herrn Franz-Josef Büchler
Zusamstr. 5
86165 Augsburg**

☐ Ja, bitte schicken Sie mir Ihren Gesamtkatalog zu.

Bequem bestellen per Telefon / Fax:
Tel.: 0821/45 54 94-17
Fax: 0821/45 54 94-19
Online: www.brigg-paedagogik.de

BRIGG Pädagogik VERLAG

Besser mit Brigg Pädagogik!
Bildungsstandards in Mathematik sicher erreichen!

Werner Freißler / Otto Mayr

Bildungsstandards Mathematik

Testaufgaben für alle weiterführenden Schularten

5. Klasse	7. Klasse	8. Klasse	9. Klasse	10. Klasse
120 S., DIN A4, Kopiervorlagen mit Lösungen	140 S., DIN A4, Kopiervorlagen mit Lösungen	140 S., DIN A4, Kopiervorlagen mit Lösungen	140 S., DIN A4, Kopiervorlagen mit Lösungen	140 S., DIN A4, Kopiervorlagen mit Lösungen
Best.-Nr. 371	Best.-Nr. 373	Best.-Nr. 374	Best.-Nr. 253	Best.-Nr. 254

Diese fertig erstellten Testaufgaben mit Lösungen beinhalten **Aufgaben verschiedener Schwierigkeitsgrade**. Die Angabe der jeweiligen Kompetenz und Leitidee ermöglichen eine Leistungsdifferenzierung und unterstützen Sie bei der Bestimmung des nötigen Förderbedarfs und der individuellen Hilfestellung für jeden Schüler. Gute Prüfungsleistungen und die Transparenz des Leistungsstands gegenüber den Eltern sind so gewährleistet.

Der Band für die 6. Klasse ist in Vorbereitung!

Weitere Infos, Leseproben und Inhaltsverzeichnisse unter
www.brigg-paedagogik.de

Bestellcoupon

Ja, bitte senden Sie mir / uns mit Rechnung

_____ Expl. Best.-Nr. _____

_____ Expl. Best.-Nr. _____

_____ Expl. Best.-Nr. _____

_____ Expl. Best.-Nr. _____

Meine Anschrift lautet:

Name / Vorname

Straße

PLZ / Ort

E-Mail

Datum/Unterschrift   Telefon (für Rückfragen)

Bitte kopieren und einsenden/faxen an:

Brigg Pädagogik Verlag GmbH
zu Hd. Herrn Franz-Josef Büchler
Zusamstr. 5
86165 Augsburg

☐ Ja, bitte schicken Sie mir Ihren Gesamtkatalog zu.

Bequem bestellen per Telefon / Fax:
Tel.: 0821 / 45 54 94-17
Fax: 0821 / 45 54 94-19
Online: www.brigg-paedagogik.de